T0209535

essentials

essentials liefern aktuelles Wissen in konzentrierter Form. Die Essenz dessen, worauf es als „State-of-the-Art" in der gegenwärtigen Fachdiskussion oder in der Praxis ankommt. *essentials* informieren schnell, unkompliziert und verständlich

- als Einführung in ein aktuelles Thema aus Ihrem Fachgebiet
- als Einstieg in ein für Sie noch unbekanntes Themenfeld
- als Einblick, um zum Thema mitreden zu können

Die Bücher in elektronischer und gedruckter Form bringen das Expertenwissen von Springer-Fachautoren kompakt zur Darstellung. Sie sind besonders für die Nutzung als eBook auf Tablet-PCs, eBook-Readern und Smartphones geeignet. *essentials:* Wissensbausteine aus den Wirtschafts-, Sozial- und Geisteswissenschaften, aus Technik und Naturwissenschaften sowie aus Medizin, Psychologie und Gesundheitsberufen. Von renommierten Autoren aller Springer-Verlagsmarken.

Weitere Bände in der Reihe http://www.springer.com/series/13088

Heinz Klaus Strick

Einführung in die Wahrscheinlichkeitsrechnung

Stochastik kompakt

 Springer Spektrum

Heinz Klaus Strick
Leverkusen, Deutschland

ISSN 2197-6708   ISSN 2197-6716 (electronic)
essentials
ISBN 978-3-658-21852-2   ISBN 978-3-658-21853-9 (eBook)
https://doi.org/10.1007/978-3-658-21853-9

Die Deutsche Nationalbibliothek verzeichnet diese Publikation in der Deutschen Nationalbiblio-
grafie; detaillierte bibliografische Daten sind im Internet über http://dnb.d-nb.de abrufbar.

Springer Spektrum

Gedruckt auf säurefreiem und chlorfrei gebleichtem Papier

Springer Spektrum ist ein Imprint der eingetragenen Gesellschaft Springer Fachmedien Wiesbaden
GmbH und ist ein Teil von Springer Nature
Die Anschrift der Gesellschaft ist: Abraham-Lincoln-Str. 46, 65189 Wiesbaden, Germany

Was Sie in diesem *essential* finden können

- Grundbegriffe aus Wahrscheinlichkeitsrechnung und Statistik
- Elementare Regeln zum Berechnen von Wahrscheinlichkeiten
- Wahrscheinlichkeitsverteilungen, insbesondere Binomialverteilung
- Beispiele zu allen behandelten Themen

Vorwort

Die Inhalte des Mathematikunterrichts haben sich im Laufe der Zeit stark verändert. Zu den klassischen Gebieten Arithmetik und Algebra, Geometrie und Differenzial- und Integralrechnung kamen in den letzten 50 Jahren weitere Themen hinzu. Dabei bereitet die Stochastik durchweg die größten Schwierigkeiten – Lehrenden und Lernenden gleichermaßen. Mit den beiden *essential*-Heften

- Einführung in die Wahrscheinlichkeitsrechnung – Stochastik kompakt
- Einführung in die Beurteilende Statistik – Stochastik kompakt

möchte ich dazu beitragen, die bestehenden Hürden zu überwinden. Dies geschieht sehr bewusst an ausführlich und anschaulich bearbeiteten Beispielen entlang – umfangreiche theoretische Überlegungen bleiben hier ausgespart.

- Im Alltag werden zahlreiche Begriffe verwendet, die mit Stochastik zu tun haben: Der Begriff *Wahrscheinlichkeit* etwa kommt in den Wetterprognosen ebenso vor wie bei der Beschreibung von Chancen in Glücksspielen – und dabei spielen fast immer Modellannahmen eine wesentliche Rolle.

Als Erstes geht es daher um die Frage, was mit *Wahrscheinlichkeit* – als mathematisches Modell – jeweils gemeint sein könnte, und dieser Begriff wird abgegrenzt von dem der *relativen Häufigkeit,* die sich auf konkrete empirische Daten bezieht.

Im nächsten Schritt wird das Rechnen mit Wahrscheinlichkeiten erarbeitet. Dabei handelt es sich um einen bloßen Kalkül, und erfahrungsgemäß treten hier weniger Verständnisprobleme auf. Die Schwierigkeiten liegen dann woanders: Welche Bedeutung haben Wahrscheinlichkeitsaussagen im Sachzusammenhang?

Worauf beziehen sie sich? Auch auf die sog. *bedingten Wahrscheinlichkeiten* geht dieses Heft elementar und ausführlich ein.

Anschließend geht es um Wahrscheinlichkeitsverteilungen und deren Erwartungswerte, auch dies wird beispielgebunden erarbeitet. Damit sind schließlich alle Voraussetzungen erfüllt, um auf eine besonders einfache und vielfältig nützliche Wahrscheinlichkeitsverteilung einzugehen, nämlich auf die Binomialverteilung.

An diesem Verteilungstyp entlang können dann im zweiten Heft die Grundfragen der Beurteilenden Statistik untersucht werden:

- Mit welchen Ergebnissen können wir bei einem geplanten Zufallsversuch rechnen? (Prognose)
- Welche Wahrscheinlichkeiten können dem betrachteten Zufallsversuch zugrunde liegen? (Schätzen und Testen)

Leverkusen   Heinz Klaus Strick

Inhaltsverzeichnis

Grundbegriffe aus Wahrscheinlichkeitsrechnung und Statistik

1

1.1 Einführende Beispiele

Im Alltag begegnen uns immer wieder Nachrichten und Informationen, die etwas mit Wahrscheinlichkeitsrechnung und Statistik zu tun haben.

Oft ergeben sich dann verschiedene Fragen: Was ist mit diesen Informationen gemeint? Wie sind sie zustande gekommen? Was bedeuten sie?

Beispiel: Regenwahrscheinlichkeit

In einer Wettervorhersage ist von einer *Regenwahrscheinlichkeit* von 60 % die Rede.

- Was bedeutet dies? Wie kommt man zu einer solchen Aussage?

Die Meteorologen geben eine Vielzahl von Daten der augenblicklichen Wetterlage in ihre Großrechenanlagen ein. Mithilfe von aufwendigen Modellrechnungen, in denen Wetter-Konstellationen in der Vergangenheit gespeichert sind, machen sie Prognosen für die kommenden Tage. Vereinfacht könnte man das wie folgt formulieren: Wenn man in den Datenbanken z. B. 100 vergleichbare Situationen gefunden hat und es in 60 von 100 dieser Situationen anschließend geregnet hat (und es in 40 von 100 Fällen keinen Niederschlag gab), dann nutzt man diese Erfahrungswerte zur Prognose für das Wetter der kommenden Tage.

Die Angabe einer *Regenwahrscheinlichkeit* ist also in Prinzip so etwas wie eine Häufigkeitsaussage über zurückliegende Ereignisse, denn man bemüht sich, Erfahrungen aus der Vergangenheit auf zukünftige Situationen anzuwenden. Ob es tatsächlich regnen wird oder nicht, hängt dann vom *zufälligen* Zusammentreffen verschiedener Wettereinflüsse ab.

© Springer Fachmedien Wiesbaden GmbH, ein Teil von Springer Nature 2018
H. K. Strick, *Einführung in die Wahrscheinlichkeitsrechnung*, essentials,
https://doi.org/10.1007/978-3-658-21853-9_1

Wie man selbst mit der Information umgeht, ist von Mensch zu Mensch verschieden. Der Pessimist wird bei einer Regenwahrscheinlichkeit von 60 % keine Aktivität im Freien planen, der Optimist sieht trotzdem gute Chancen dafür, dass es trocken bleibt. Man würde bei einer Wette auf „Regen" setzen, denn man geht aufgrund der Aussage der Meteorologen davon aus, dass man die Wette eher gewinnt als verliert.

Beispiel: Meinungsforschung

Laut einer *repräsentativen Stichprobe* für die Sendung *Politbarometer* geben 56 % der Wahlberechtigten an, Frau/Herrn X. zum Kanzler zu wählen, wenn am Sonntag Wahlen wären.

- Wie kommen solche Aussagen zustande?

Für die Veröffentlichungen im *Politbarometer* wählt das Meinungsforschungs-institut ca. 1200 Personen aus und versucht dabei möglichst alle wichtigen Gruppen der *Grundgesamtheit* aller Wahlberechtigten *anteilig* zu erfassen, also möglichst alle wichtigen *Merkmale* zu berücksichtigen, nach denen man die Bevölkerung unterteilen könnte: Geschlecht, Alter, Familienstand, Konfession, Schulbildung, Wohnortgröße, Bundesland. Da man wegen des Aufwands (und der damit verbundenen Kosten) nur vergleichsweise wenige Personen befragen kann, hängt es auch vom *Zufall* ab, wie gut die Befragungsergebnisse die tatsächlichen Anteile in der Gesamtheit wiedergeben.

Die Auswahl der Personen für die Befragung müsste eigentlich durch eine Art Losverfahren erfolgen, was aber voraussetzen würde, dass alle volljährigen Bürger in Deutschland erfasst und, nachdem die Auslosung erfolgt ist, mit diesen für ein Interview Kontakt aufgenommen wird. Stattdessen wählt man *zufallsgesteuerte* Verfahren wie z. B. durch zufällig erzeugte Telefonnummern *(Random digit dialing)*. Dass auch dieses Verfahren mit Problemen behaftet ist, kann hier nicht vertieft werden.

Beispiel: Versicherungsprämie

Die Prämien einer Lebensversicherung müssen aufgrund aktualisierter *Sterbetafeln* neu berechnet werden.

- Was bedeutet dies?

Wenn man eine Risikoversicherung abschließt, dann ist die Versicherungsgesellschaft verpflichtet, den Versicherungsbetrag auszuzahlen, falls die/der

Versicherte während des Versicherungszeitraums stirbt; andernfalls sind keine Leistungen der Versicherung fällig. Um die Prämien zu berechnen, muss deshalb das Risiko abgeschätzt werden, dass die Versicherung den Versicherungsbetrag tatsächlich auszahlen muss.

Hierfür werden die sogenannten Sterbetafeln benutzt, die das Statistische Bundesamt jährlich aktualisiert. Die Sterbetafeln enthalten Informationen darüber, wie viele von 100.000 Frauen bzw. Männern ein bestimmtes Alter erreichen, vgl. Tab. 1.1.

Mit diesen auf eine Anzahl von 100.000 Personen bezogenen Durchschnittswerten kann man einen Schätzwert für die Wahrscheinlichkeit bestimmen, dass eine Person einer bestimmten Altersstufe eine andere bestimmte Altersstufe erreicht.

Die Wahrscheinlichkeit, dass eine 30-Jährige Person 70 Jahre alt wird, schätzt man dann mithilfe des Anteils der 100.000 Neugeborenen, für die dies zutrifft.

Die Wahrscheinlichkeit, dass ein Mann, der jetzt 30 Jahre alt ist, 70 Jahre alt wird, schätzt man durch den Anteil der Männer, die das 70. Lebensjahr vollenden (77.636) unter den Männern, die das 30. Lebensjahr vollenden (98.853), also

$$P_{\text{Mann ist jetzt 30 Jahre alt}}(\text{Mann wird 70 Jahre alt}) = \frac{77.636}{98.853} \approx 0{,}785 = 78{,}5\ \%.$$

Tab. 1.1 Auszug aus der Sterbetafel 2013/2015. (Quelle: Destatis)

Alter x	Überlebende im Alter x	
	männlich	weiblich
0	100 000	100 000
10	99 537	99 610
20	99 342	99 488
30	98 853	99 279
40	98 034	98 855
50	96 051	97 721
60	90 265	94 541
70	77 636	87 342
80	54 384	71 167
90	17 410	31 064
100	629	1 821

Man beachte die besondere Schreibweise: In der Klammer steht die Ausprägung, für die man eine Wahrscheinlichkeit bestimmen möchte; vor der Klammer wird (tiefer gestellt) die Teilpopulation genannt, auf die man sich bezieht.

Analog bestimmt man einen Schätzwert für Frauen:

$$P_{\text{Frau ist jetzt 30 Jahre alt}} (\text{Frau wird 70 Jahre alt}) = \frac{87.342}{99.279} \approx 0,880 = 88,0\,\%.$$

Aus beiden Schätzwerten ergeben sich auch die Wahrscheinlichkeiten

$$P_{\text{Mann ist jetzt 30 Jahre alt}} (\text{Mann wird nicht 70 Jahre alt})$$

$$= \frac{98.853-77.636}{98.853} \approx 0,215 = 21,5\,\% \text{ bzw.}$$

$$P_{\text{Frau ist jetzt 30 Jahre alt}} (\text{Frau wird nicht 70 Jahre alt})$$

$$= \frac{99.279-87.342}{99.279} \approx 0,120 = 12,0\,\%$$

Wie aus den Sterbetafeln angemessene Versicherungsprämien berechnet werden, wird in Abschn. 3.2 erläutert.

Beispiel: Gewinnchancen beim Lotto

Beim Lottospiel „6 aus 49" stehen die *Gewinnchancen* für den Hauptgewinn wie 1 zu 139.838.159.

Wie kann man das berechnen?

Da es 13.983.816 Möglichkeiten gibt, ein Tippfeld bei einem Lottoschein auszufüllen, und außerdem auch noch die Endziffer des Spielscheins (=Superzahl) stimmen muss, sind die Chancen auf einen Hauptgewinn ziemlich klein. Es hängt – wie es so schön heißt – *vom ordnungsgemäßen Zustand des Ziehungsgeräts* ab, ob tatsächlich alle möglichen Auswahlen von sechs Zahlen und der Superzahl die gleichen Chancen haben, gezogen zu werden. Wenn die technischen Voraussetzungen hinsichtlich des Ziehungsgeräts gegeben sind, ist kein Grund ersichtlich, warum man mit einem bestimmten Tipp eine größere Chance hat zu gewinnen als mit irgendeinem anderen. Das hängt dann wirklich nur vom *Zufall* ab.

Wie die Anzahl der möglichen Tipps berechnet werden kann, wird in Abschn. 2.3 erläutert.

Beispiel: Gewinnchancen beim Roulette

Beim Roulettespiel gewinnt *auf lange Sicht* die Spielbank.

- Wieso ist das so?

Beim Roulettespiel wird eine Gewinnzahl zwischen 0 und 36 ermittelt. Dazu wirft der Croupier (Spielleiter) eine Kugel auf eine rotierende Scheibe, in der 37 gleich große, nummerierte Vertiefungen sind. Wenn die Kugel dann in einer dieser Vertiefungen zur Ruhe kommt und liegen bleibt, steht fest, mit welcher der Zahlen 0, 1, 2, …, 36 man gewonnen hat.

Da die meisten Spieler auf *einfache Chancen* setzen, z. B. auf die geraden Zahlen 2, 4, 6, …, 36 oder die ungeraden Zahlen 1, 3, 5, …, 35 – die Null spielt beim Roulette eine Sonderrolle –, tritt der Gewinn-Fall auf lange Sicht nicht so oft ein wie der Nicht-Gewinn-Fall (die *Chancen* stehen wie 18 zu 19). Auch bei anderen möglichen Einsätzen der Spieler entsprechen die Auszahlungen der Spielbank nicht den Chancen, sondern sind geringfügig kleiner.

Welche Auszahlungsbeträge bei Roulettespiel fair wären, wird in Kap. 2 untersucht.

Beispiel: Manipulation beim Glücksspiel

Ein Spielwürfel kann *für manipuliert* gehalten werden, wenn in einhundert Würfen nur zehnmal eine Sechs gefallen ist.

- Ist ein solches Ergebnis der Beweis für eine mögliche Manipulation?

Eigentlich geht man davon aus, dass die sechs verschiedenen Augenzahlen *auf lange Sicht* gleich oft fallen, also bei 100 Würfen jede Augenzahl ungefähr 17-mal fällt. Dass es hiervon Abweichungen gibt, gehört zu unseren alltäglichen Erfahrungen. Aber wie groß dürfen diese Abweichungen sein? Was wäre „normal"? *Zufällig* kann jedes denkbare Ergebnis vorkommen. Trotzdem wird man skeptisch, wenn man auf ein bestimmtes Ergebnis lange warten muss oder ein bestimmtes Ergebnis nicht so oft kommt, wie man es erwartet. Das geschieht meistens aus dem Bauch heraus.

Deshalb sollte man doch besser ein Kriterium finden, das weniger vom Gefühl her als durch eine Berechnung ermittelt wird. Hiermit wird sich das zweite Heft beschäftigen.

Wahrscheinlichkeiten, Chancen, Anteile, Stichprobe, Grundgesamtheit, Merkmale usw. – das alles sind Begriffe, die in der Stochastik eine Rolle spielen. Bevor man sich mit konkreten Beispielen beschäftigt, müssen diese Begriffe erklärt und präzisiert werden.

Im Prinzip kann man zwei Typen von gegebenen Situationen unterscheiden; dies wird in den beiden folgenden Abschnitten erläutert.

1.2 Wahrscheinlichkeiten aus Erfahrungswerten ermitteln

In den ersten drei Beispielen *(Regenwahrscheinlichkeit, Meinungsforschung, Versicherungsprämie)* geht es im Prinzip um Erfahrungen, aus denen man Schlüsse zieht. Man recherchiert in Datenbanken oder führt eine Erhebung durch, und nutzt die so gewonnenen empirischen Werte für eine Vorhersage.

Wenn es im *Beispiel Regenwahrscheinlichkeit* bei einer ähnlichen meteorologischen Situation in der Vergangenheit am darauf folgenden Tag mit einer relativen Häufigkeit von 60 % geregnet hat, dann hofft man, sagen zu können, dass die Wahrscheinlichkeit für Regen 60 % beträgt.

Wenn in einer Stichprobe von repräsentativ ausgewählten Personen im *Beispiel Meinungsforschung* ein Anteil von 56 % angibt, eine bestimmte Person wählen zu wollen, dann schätzt man, dass dieser Anteil auch für die Gesamtheit aller Wahlberechtigten zutrifft.

Im *Beispiel Lebensversicherung* wertet man Daten über die Lebensdauer von Personen aus, um mithilfe von Anteilen zu schätzen, wie groß das Sterberisiko einer versicherten Person während der Versicherungsdauer ist.

Die Begriffe *relative Häufigkeit* bzw. *Anteil* machen deutlich, dass man zuvor *gezählt* hat, wie oft eine bestimmtes Ergebnis (Regen am folgenden Tag bzw. Absichtserklärung, eine bestimmte Person wählen zu wollen bzw. Erreichen eines bestimmten Lebensalters) in der Stichprobe aufgetreten ist.

Diese *Anzahl* wird in Mathematik und Statistik als *absolute Häufigkeit einer Merkmalsausprägung* bezeichnet. Im Folgenden werden wir statt des Begriffs der Merkmalsausprägung meistens den einfacheren Begriff *Ergebnis* verwenden. Die *relative Häufigkeit eines Ergebnisses* ist dann der Anteil, mit der das interessierende Ergebnis in der Stichprobe aufgetreten ist.

> ⫸   Relative Häufigkeiten beziehen sich immer auf zurückliegende Erhebungen oder Versuche.

Wenn man im *Beispiel Regenwahrscheinlichkeit* in den Datenbanken 132 vergleichbare Wetterkonstellationen gefunden hat, wie sie momentan vorliegen, und wenn es in 79 der 132 Fälle danach geregnet hat, dann beträgt die relative Häufigkeit des interessierenden Ergebnisses $\frac{79}{132}$. Statt eines solchen Bruches gibt man die relative Häufigkeit meistens als Dezimalbruch oder in Prozent an: $\frac{79}{132} = 0,598\ldots \approx 0,6 = 60\,\%$.
Dieser Anteil von ca. 60 % wird als *Schätzwert* für die zugrunde liegende Wahrscheinlichkeit bezeichnet.

Wenn im *Beispiel Meinungsforschung* von 1200 Befragten 672 angeben, eine bestimmte Person wählen zu wollen, dann ist dies ein Anteil von $\frac{672}{1200} = 0,56 = 56\,\%$. Wie groß der Anteil der Wähler der Person in der Gesamtheit tatsächlich ist, würde sich am Wahltag herausstellen, wenn wir ein System der Direktwahl hätten. Diesen Anteil in der Gesamtheit sieht man als Wahrscheinlichkeit an, die der Stichprobe zugrunde liegt.

Dass man relative Häufigkeiten aus Stichproben als Schätzwerte für zugrunde liegende Wahrscheinlichkeiten verwenden darf, hat etwas mit den Erfahrungen zu tun, die man mit Laplace-Versuchen gemacht hat (s. u.).

▶ Die relative Häufigkeit aus einer Stichprobe ist ein Schätzwert für die gesuchte Wahrscheinlichkeit.

Eine der Grundfragen der Beurteilenden Statistik (siehe Stochastik kompakt Teil 2) beschäftigt sich mit der Frage, wie genau eine Schätzung der Wahrscheinlichkeit ist, also des Anteils in der Gesamtheit, wenn man den Anteil in einer Stichprobe kennt.

Diesen Aufgabentyp bezeichnet man als **Schluss von einer Stichprobe auf die Gesamtheit:** Man kennt die relative Häufigkeit eines Ergebnisses aus einer Stichprobe und verwendet diesen Anteil zur Schätzung des Anteils in der Gesamtheit. Dieser Anteil in der Gesamtheit ist das, was man als *Wahrscheinlichkeit des Ergebnisses* bezeichnet.

Man beachte, dass die Begriffe *Gesamtheit* und *Stichprobe* auch verwendet werden, wenn es nicht um Befragungen o. ä. geht. Oft werden auch lange Versuchsreihen mit Zufallsgeräten als *Stichproben* bezeichnet, wenn man auf diese Weise versucht, einen angemessenen Schätzwert für die dem Zufallsversuch zugrunde liegende Wahrscheinlichkeit zu finden.

Beispiel: Reißnagelwurf

Beim Werfen eines Reißnagels können die beiden Ergebnisse *Spitze nach oben* (O) und *Spitze zur Seite* (S) auftreten.

Die Wahrscheinlichkeiten für diese beiden möglichen Ergebnisse können sehr unterschiedlich sein; sie hängen u. a. von der Länge des Nagels ab bzw. von der Art der Reißnagel-Kappe.

Die relative Häufigkeit für O bzw. für S aus einer langen Versuchsreihe (=Stichprobe) wird dann als Schätzwert für die dem Zufallsversuch zugrunde liegenden unbekannten Wahrscheinlichkeiten P(S) bzw. P(O) benutzt, sozusagen als Anteile in der Gesamtheit aller denkbaren Reißnagelwürfe.

1.3   Wahrscheinlichkeiten aus Chancen ermitteln

Kann man davon ausgehen, dass alle *möglichen* Ergebnisse die gleiche Chance haben aufzutreten, dann untersucht man, wie groß der Anteil der Ergebnisse ist, die von Interesse sind.

Beim Roulettespiel sind 37 Fälle (Ergebnisse) möglich. Wenn man darauf setzt, dass die Kugel auf einer geraden Zahl liegen bleibt, dann ist der Anteil der Sektoren mit gerader Nummer an allen Sektoren gleich $\frac{18}{37} \approx 48{,}6\,\%$. Man verwendet hierfür nun die Sprechweise, dass die Wahrscheinlichkeit für das Ergebnis *gerade Zahl* ungefähr 48,6 % beträgt. Damit beschreibt man die Chancen in zukünftig durchzuführenden Versuchen.

▶   Wahrscheinlichkeiten beziehen sich immer auf bevorstehende Zufallsversuche.

Die Beispiele *Gewinnchancen beim Lotto, Gewinnchancen beim Roulette, Manipulation beim Glücksspiel* sind vom gleichen Typ: Es ist kein Grund ersichtlich, dass irgendeines der möglichen Ergebnisse eine größere Chance hat aufzutreten als die anderen. Man ordnet ihnen daher die gleichen Chancen zu und sagt: Die verschiedenen möglichen Ergebnisse sind *gleichwahrscheinlich*.

Diese Zuordnung ist ein mathematisches Modell, das sogenannte **Laplace-Modell**, d. h., man nimmt an, dass die Situation (Roulette, Lotto, Würfeln) angemessen durch den Ansatz der Gleich-Wahrscheinlichkeit beschrieben werden kann.

Zu den Grundfragen der Beurteilenden Statistik gehört daher die Untersuchung, welche Ergebnisse bei häufiger Versuchsdurchführung vermutlich auftreten werden (Aufgabentyp: **Schluss von der Gesamtheit auf die Stichprobe**) bzw. ob ein vorliegendes Ergebnis mit dem betrachteten Modell angemessen beschrieben werden kann (Aufgabentyp: **Testen einer Hypothese**).

Viele Glücksspiele lassen sich mithilfe eines Laplace-Modells (man sagt auch: mithilfe eines Laplace-Ansatzes) beschreiben. Dann kann man mithilfe von Rechenregeln, die im nächsten Kapitel entwickelt werden, zu Wahrscheinlichkeitsaussagen kommen.

Die starke Betonung der Glücksspiele in den ersten Lektionen der Stochastik-Kurse hängt damit zusammen, dass man bei einfachen Glücksspielen die Zusammenhänge leichter verstehen und nachvollziehen kann.

Auch kann man solche einfachen Glücksspiele oft und schnell wiederholen und damit erste *Erfahrungen* sammeln.

Eine dieser Erfahrungen wird als **Empirisches Gesetz des großen Zahlen** bezeichnet:

▸   **Empirisches Gesetz der großen Zahlen** Bei langen Versuchsreihen stabilisieren sich die relativen Häufigkeiten eines Ergebnisses in der Nähe der Wahrscheinlichkeit eines Ergebnisses.

Diesen Erfahrungssatz wendet man auch auf Nicht-Laplace-Versuche an, führt also lange Versuchsreihen durch (wie z. B. bei der Erfassung der Wetterdaten) und bestimmt die relativen Häufigkeiten von interessierenden Ergebnissen. Da man aus Erfahrung weiß, dass die relativen Häufigkeiten *im Allgemeinen* sich nur wenig von den zugrunde liegenden Wahrscheinlichkeiten unterscheiden, bietet es sich an, diese relativen Häufigkeiten als Schätzwerte für die Wahrscheinlichkeiten zu nehmen. Ärgerlich nur ist die Tatsache, dass „im Allgemeinen" nicht bedeutet, dass diese Vorgehensweise *immer* einen zuverlässigen Schätzwert liefert, sondern nur „meistens". Das führt dann dazu, dass man im Rahmen der Beurteilenden Statistik vorsichtige Formulierungen wählen muss.

Viele Begriffe, die in der Stochastik verwendet werden, wie beispielsweise *Stichprobe* und *Gesamtheit,* sind aus den Sprechweisen der Statistik (= Lehre von den Daten über den Staat) entstanden. Deren Verwendung im Zusammenhang mit Glücksspielen mag vielleicht irritieren.

Wenn man beim Lotto mehrere Tipps abgibt oder beim Roulette mehrfach spielt oder den Würfel einige Male wirft, dann bezeichnet man diese Vorgänge als *mehrstufige Zufallsversuche.* Es ist aber auch üblich, in diesem Zusammenhang statt von der Anzahl der Stufen vom *Stichprobenumfang des Zufallsversuchs* zu sprechen.

1.4   Zusammenfassung der Grundbegriffe

Hier noch einmal zusammengefasst die wichtigsten Begriffe (vgl. Abb. 1.1):
Bei statistischen Erhebungen wird untersucht, wie sich eine **Grundgesamtheit** zusammensetzt. Dabei betrachtet man ein bestimmtes **Merkmal** und unterscheidet verschiedene **Ausprägungen** dieses Merkmals (kurz als Ergebnis bezeichnet). Betrachtet man nur eine Auswahl von Elementen der Grundgesamtheit, so bezeichnet man dies als **Stichprobe.**

In einer Grundgesamtheit gibt die **relative Häufigkeit** einer Merkmalsausprägung an, mit welchem **Anteil** diese Ausprägung in der Grundgesamtheit vorhanden ist (analog werden die beiden Begriffe auch in Stichproben verwendet).

Vorgänge, deren Ergebnisse vom Zufall abhängen, werden als **Zufallsversuche** (Zufallsexperimente) bezeichnet. Ein Zufallsversuch kann auch darin bestehen, dass man eine **Zufallsstichprobe** aus einer Gesamtheit nimmt. Nachdem ein Zufallsversuch durchgeführt ist, kann man berechnen, mit welcher relativen Häufigkeit ein bestimmtes Ergebnis in der Stichprobe aufgetreten ist.

Wenn man einen Zufallsversuch wiederholt, bezeichnet man dies als **mehrstufigen** Zufallsversuch. Statt Anzahl der Versuchswiederholungen sagt man auch *Anzahl der Stufen* oder verwendet den Begriff des **Stichprobenumfangs.**

Jedem Ergebnis eines Zufallsversuchs kann man eine **Wahrscheinlichkeit** zuordnen. Diese ist eine Zahl zwischen 0 (= 0 %) und 1 (= 100 %); man kann sie auch als Bruch oder als Prozentzahl notieren.

Eine solche Wahrscheinlichkeit dient der Prognose und ist ein Maß für die Chancen, dass dieses Ergebnis in *zukünftigen* Zufallsversuchen auftreten wird. An diesen Chancen wird man sich orientieren, wenn man eine Wette auf ein bestimmtes Ergebnis abschließen möchte: Sind die Chancen größer als 50 %, dann lohnt sich eine solche Wette.

Wahrscheinlichkeiten kann man sich also als Chancen in einem bevorstehenden Zufallsversuch veranschaulichen. Eine andere Möglichkeit ist die sogenannte **Häufigkeitsinterpretation einer Wahrscheinlichkeit:**

▷   **Häufigkeitsinterpretation der Wahrscheinlichkeit** Hat ein Ergebnis die Wahrscheinlichkeit p, dann kann man erwarten, dass bei n-facher unabhängiger Durchführung des Zufallsversuchs das Ergebnis ungefähr $n \cdot p$-mal auftritt.

Dadurch, dass man einen konkreten Zufallsversuch betrachtet, erhält man eine Vorstellung von dem, beispielsweise was die Wahrscheinlichkeit $\frac{1}{6}$ bedeutet: Wenn man 600-mal einen Würfel wirft, dann kann man erwarten, dass die Augenzahl 6 ungefähr $600 \cdot \frac{1}{6}$-mal, also ca. 100-mal fällt.

Wahrscheinlichkeit und relative Häufigkeit

Wahrscheinlichkeiten dienen der Prognose für zukünftige Zufallsversuche.	**Relative Häufigkeiten** beziehen sich immer auf zurückliegende Zufallsversuche.

Häufigkeitsinterpretation der Wahrscheinlichkeit	**Empirisches Gesetz der großen Zahlen**
Aufgrund der Kenntnis der Wahrscheinlichkeiten kann man eine Prognose für die zu erwartenden absoluten (oder auch relativen) Häufigkeiten vornehmen.	Relative Häufigkeiten liegen in der Nähe der zugrundeliegenden Wahrscheinlichkeiten.

Typen von Zufallsversuchen

Laplace-Versuche	**Nicht-Laplace-Versuche**
Wahrscheinlichkeiten bestimmt man aufgrund der Annahme gleicher Chancen für alle Ergebnisse.	Schätzwerte für die unbekannten Wahrscheinlichkeiten ermittelt man aus den relativen Häufigkeiten von langen Versuchsreihen.

Abb. 1.1 Grundbegriffe

Regeln zum Rechnen mit Wahrscheinlichkeiten

2.1 Elementare Rechenregeln

Der Laplace-Ansatz besagt: Wenn bei einem Zufallsversuch kein Grund ersichtlich ist, warum irgendeines der m möglichen Ergebnisse eine größere oder kleinere Chance hat aufzutreten als die anderen, dann ordnet man jedem Ergebnis die Wahrscheinlichkeit $p = \frac{1}{m}$ zu.

Oft interessieren bei solchen Zufallsversuchen aber nicht nur einzelne Ergebnisse, sondern ob eines von mehreren Ergebnissen eingetreten ist.

Im Beispiel *Gewinnchancen beim Roulette* interessiert man sich für die Wahrscheinlichkeit der „einfachen Chancen", wie beispielsweise

E_1: *Die Kugel bleibt auf einem Feld mit ungerader Nummer liegen* oder

E_2: *Die Nummer des Feldes gehört zu ersten Dutzend* (Nummern 1, 2, 3, ..., 12).

Eine solche Zusammenfassung von Ergebnissen bezeichnet man in der Stochastik als **Ereignis,** also

$E_1 = \{1, 3, 5, 7, ..., 33, 35\}$ bzw. $E_2 = \{1, 2, 3, 4, ..., 11, 12\}$.

Die Wahrscheinlichkeit für solche Ereignisse lassen sich bei einfachen Zufallsversuchen leicht bestimmen: Man zählt die zum Ereignis gehörenden Ergebnisse und setzt sie ins Verhältnis zu den möglichen Ergebnissen des Ereignisses.

Für die beiden Ereignisse E_1 und E_2 gilt also: $P(E_1) = \frac{18}{37}$ und $P(E_2) = \frac{12}{37}$.

Diese Rechenregel wird als **Laplace-Regel** bezeichnet.

© Springer Fachmedien Wiesbaden GmbH, ein Teil von Springer Nature 2018
H. K. Strick, *Einführung in die Wahrscheinlichkeitsrechnung*, essentials,
https://doi.org/10.1007/978-3-658-21853-9_2

▶ **Laplace-Regel** Bei einem Laplace-Versuch bestimmt man die Wahrscheinlichkeit P(E) eines Ereignisses E, indem man zählt, wie viele Ergebnisse zu dem Ereignis gehören und wie viele Ergebnisse insgesamt bei dem Laplace-Versuch möglich sind. Das Verhältnis dieser beiden Anzahlen ist die Wahrscheinlichkeit des Ereignisses E:

$$P(E) = \frac{\text{Anzahl der zum Ereignis E gehörenden Ergebnisse}}{\text{Anzahl der möglichen Ergebnisse}}$$

Bei einfach strukturierten Laplace-Versuchen ist die Bestimmung der Wahrscheinlichkeiten i. A. kein Problem, denn man muss ja nur zählen können. Für weniger einfache Sachverhalte (wie beispielsweise im Falle des Lottospiels) benötigt man oft weitere Rechenregeln, die man unter dem Oberbegriff **Kombinatorik** zusammenfassen könnte, so ist z. B. die Wahrscheinlichkeit für 3 Richtige beim Lotto

$$P(3\,\text{richtige Tipps}) = \frac{246.820}{13.983.816},$$

wobei Zähler und Nenner dieses Bruches mithilfe von kombinatorischen Verfahren bestimmt werden müssen (vgl. Abschn. 2.3).

Die Laplace-Regel ist ein Spezialfall einer allgemeinen Regel für zusammengesetzte Ereignisse. Diese allgemeine Regel soll zunächst am Beispiel eines Laplace-Versuchs erläutert werden.

Beispiel: Teilbarkeit von Nummern

Zu Beginn einer Lottoziehung sind 49 gleichartige Kugeln mit den Nummern 1, 2, 3, …, 49 im Ziehungsgerät. Jede der Kugeln wird bei der ersten Ziehung mit der Wahrscheinlichkeit $p = \frac{1}{49}$ gezogen.

Die Wahrscheinlichkeit, dass die Nummer der ersten gezogenen Kugel durch 7 teilbar ist, beträgt $P(T_7) = \frac{7}{49}$, denn 7 der 49 Kugeln tragen eine Nummer, die durch 7 teilbar ist.

Die Wahrscheinlichkeit, dass die Nummer der ersten gezogenen Kugel durch 8 teilbar ist, beträgt $P(T_8) = \frac{6}{49}$, denn 6 der 49 Kugeln tragen eine Nummer, die durch 8 teilbar ist.

Also ist die Wahrscheinlichkeit, dass die Nummer der ersten gezogenen Kugel durch 7 *oder* durch 8 teilbar ist, gleich $P(T_7 \cup T_8) = P(T_7) + P(T_8) = \frac{7}{49} + \frac{6}{49} = \frac{13}{49}$. Das Zeichen „$\cup$" wird dabei als „oder" gelesen.

Im Beispiel wurde eine einfache Regel angewandt: Setzt sich ein Ereignis E aus zwei Ereignissen E_1, E_2 zusammen, dann erhält man die Wahrscheinlichkeit des Ereignisses E als Summe der Wahrscheinlichkeiten der Ereignisse E_1, E_2: $P(E) = P(E_1) + P(E_2)$.

Allerdings stimmt diese Regel nicht mehr für das Ereignis *Die erste gezogene Kugel ist durch 3 oder durch 4 teilbar:*

Beispiel: Teilbarkeit von Nummern (Fortsetzung)

Die Wahrscheinlichkeit, dass die Nummer der ersten gezogenen Kugel durch 3 teilbar ist, beträgt $P(T_3) = \frac{16}{49}$, denn 16 der 49 Kugeln tragen eine Nummer, die durch 3 teilbar ist.

Die Wahrscheinlichkeit, dass die Nummer der ersten gezogenen Kugel durch 4 teilbar ist, beträgt $P(T_4) = \frac{12}{49}$, denn 12 der 49 Kugeln tragen eine Nummer, die durch 4 teilbar ist.

Die Wahrscheinlichkeit, dass die Nummer der ersten gezogenen Kugel durch 3 oder durch 4 teilbar ist, beträgt aber

$$P(T_3 \cup T_4) = P(T_3) + P(T_4) - P(T_3 \cap T_4) = \frac{16}{49} + \frac{12}{49} - \frac{4}{49} = \frac{24}{49},$$

denn die 4 Kugel-Nummern, die durch 3 *und* durch 4 teilbar sind, also die Nummern 12, 24, 36 und 48, hat man doppelt berücksichtigt, wenn man einfach $P(T_3) = \frac{16}{49}$ und $P(T_4) = \frac{12}{49}$ addiert. Diese zu *beiden* Ereignissen gehörenden Ergebnisse werden durch das Zeichen „$\cap$" beschrieben und als „und" gelesen. Hier gilt also: $P(T_3 \cap T_4) = \frac{4}{49}$.

Jetzt können wir die korrigierte Regel formulieren:

▷ **Summenregel** Setzt sich ein Ereignis E aus zwei Ereignissen E_1, E_2 zusammen, dann erhält man die Wahrscheinlichkeit des Ereignisses E als Summe der Wahrscheinlichkeiten der Ereignisse E_1, E_2, vermindert um die Wahrscheinlichkeit des Ereignisses $E_1 \cap E_2$, also
$$P(E) = P(E_1) + P(E_2) - P(E_1 \cap E_2)$$

Um im Beispiel die Übersicht zu behalten, kann man wie folgt die Kugelnummern in verschiedene Felder einer Tabelle eintragen – je nachdem, welche Eigenschaften zutreffen.

	durch 4 teilbar	nicht durch 4 teilbar	gesamt
durch 3 teilbar	{12, 24, 36, 48} (4 von 49 Nummern)	{3, 6, 9, 15, 18, 21, 27, 30, 33, 39, 42, 45} (12 von 49 Nummern)	16 von 49 Nummern
nicht durch 3 teilbar	{4, 8, 16, 20, 28, 32, 40, 44} (8 von 49 Nummern)	{1, 2, 5, 7, 10, 11, 13, 14, 17, 19, 22, 23, 25, 26, 29, 31, 34, 35, 37, 38, 41, 43, 46, 47, 49} (25 von 49 Nummern)	33 von 49 Nummern
gesamt	12 von 49 Nummern	37 von 49 Nummern	49 von 49 Nummern

Aus diesen Einträgen lassen sich dann die Wahrscheinlichkeiten leicht ablesen, vgl. folgende Tabelle.

	durch 4 teilbar	nicht durch 4 teilbar	gesamt
durch 3 teilbar	$P(T_3 \cap T_4) = \frac{4}{49}$	$\frac{12}{49}$	$P(T_3) = \frac{16}{49}$
nicht durch 3 teilbar	$\frac{8}{49}$	$\frac{25}{49}$	$\frac{33}{49}$
gesamt	$P(T_4) = \frac{12}{49}$	$\frac{37}{49}$	1

Die Wahrscheinlichkeit für das Ereignis *Die Nummer der ersten gezogenen Kugel ist durch 3 oder durch 4 teilbar* kann mithilfe der Tabelle auf zwei Arten bestimmt werden:

- man bestimmt die Summe der zugehörigen drei inneren Felder oder
- man addiert die Wahrscheinlichkeiten aus den Randfeldern $P(T_3) = \frac{16}{49}$ und $P(T_4) = \frac{12}{49}$ und vermindert diese Summe um $P(T_3 \cap T_4) = \frac{4}{49}$, weil man das Feld doppelt berücksichtigt hat.

Die Randfelder der Tabelle können auch zur Rechenkontrolle benutzt werden (die Summe der Wahrscheinlichkeiten der hellgrau unterlegten letzten Zeile bzw. der letzten Spalte der Tabelle muss jeweils 1 ergeben).

Aus der Tabelle lässt sich noch eine weitere Regel ablesen. Diese Regel gibt an, wie groß die Wahrscheinlichkeit für ein **Gegenereignis** (Komplementär-Ereignis) ist.

Zu einem Gegenereignis gehören alle Ergebnisse, die *nicht* zum Ereignis gehören; man kennzeichnet es durch einen Strich über dem Ereignis-Namen, also z. B.

$\overline{T_3}$: Die Nummer der ersten gezogenen Kugel ist *nicht* durch 3 teilbar; aus dem Randfeld rechts lesen wir ab: $P(\overline{T_3}) = \frac{33}{49} = 1 - \frac{16}{49} = 1 - P(T_3)$.

$\overline{T_4}$: Die Nummer der ersten gezogenen Kugel ist *nicht* durch 4 teilbar; aus dem Randfeld unten lesen wir ab: $P(\overline{T_4}) = \frac{37}{49} = 1 - \frac{12}{49} = 1 - P(T_4)$.

▶ **Komplementärregel** Die Wahrscheinlichkeit eines Ereignisses E und die des zugehörigen Gegenereignisses $\overline{E}$ ergänzen sich zu 1 ($= 100\,\%$):
$P(\overline{E}) = 1 - P(E)$

Man kann dies auch so formulieren:

Kennt man die Wahrscheinlichkeit $P(E)$ eines Ereignisses, dann braucht man nur die Wahrscheinlichkeit $P(E)$ von 1 abzuziehen, um die Wahrscheinlichkeit $P(\overline{E})$ des Gegenereignisses zu bestimmen.

Zusatz: Aus der Komplementärregel ergibt sich sogar eine dritte Möglichkeit, die Wahrscheinlichkeit $P(T_3 \cup T_4)$ zu bestimmen:

Im rechten unteren inneren Feld der o. a. Tabelle steht die Wahrscheinlichkeit $\frac{25}{49}$ für das Ereignis $\overline{T_3} \cap \overline{T_4}$: *Die Nummer der ersten gezogenen Kugel ist* weder *durch 3* noch *durch 4 teilbar.*

Dies ist die Komplementär-Wahrscheinlichkeit zum Ereignis $T_3 \cup T_4$: *Die Nummer der ersten gezogenen Kugel ist durch 3* oder *durch 4 teilbar.*

Die Wahrscheinlichkeit für das Ereignis $T_3 \cup T_4$ kann man also auch so bestimmen:

$$P(T_3 \cup T_4) = 1 - P(\overline{T_3 \cup T_4}) = 1 - P(\overline{T_3} \cap \overline{T_4}) = 1 - \frac{25}{49} = \frac{24}{49}.$$

Dies sieht komplizierter aus, als es ist – wenn man dies formal aufschreibt, wie wir dies gerade gemacht haben.

In Worten hört sich das einfacher an:

- Zu bestimmen sind die Kugel-Nummern, die durch 3 *oder* durch 4 teilbar sind.

Für Kugel-Nummern, für dies *nicht* zutrifft, gilt:

- Zu bestimmen sind die Kugel-Nummern, die *weder* durch 3 *noch* durch 4 teilbar sind. Dies sind 25 von 49 Nummern.

Also sind 24 ($= 49 - 25$) von 49 Nummern durch 3 *oder* durch 4 teilbar.

2.2   Vierfeldertafel und Baumdiagramme

Die Erfassung von Daten in Form einer Tabelle ist eine vor allem in der Statistik verbreitete Methode. Für die Kombination von zwei Merkmalen mit je zwei alternativen Ausprägungen verwendet man eine sogenannte **Vierfeldertafel.**

Beispiel: Raucher und Nichtraucher

Das Statistische Bundesamt veröffentlichte Daten über Raucher und Nichtraucher in der Gesamtheit der 70,0 Mio. Einwohner Deutschlands über 15 Jahren (Ergebnisse des Mikrozensus 2013; Angaben in Mio.), vgl. die folgende Tabelle a.

Hieraus ergeben sich die Anteile, die in der folgenden Tabelle b eingetragen sind.

a

	Raucher	Nichtraucher	gesamt
Frauen	7,31	28,69	36,0
Männer	9,85	24,15	34,0
gesamt	17,16	52,84	70,0

b

	Raucher	Nichtraucher	gesamt
Frauen	$\frac{7,31}{70,0} \approx 10,4\%$	$\frac{28,69}{70,0} \approx 41,0\%$	51,4 %
Männer	$\frac{9,85}{70,0} \approx 14,1\%$	$\frac{24,15}{70,0} \approx 34,5\%$	48,6 %
gesamt	24,5 %	75,5 %	100 %

Beispiel

Aus den *relativen Häufigkeiten* aus der Tabelle werden *Wahrscheinlichkeiten*, wenn man eine zufällige Auswahl trifft. Wählt man also zufällig eine Person aus der Gesamtheit aller 70,0 Mio. Einwohner Deutschlands über 15 Jahren aus, dann ist dies mit einer Wahrscheinlichkeit von

* 51,4 % eine Frau,
* 24,5 % eine Person, die (regelmäßig oder gelegentlich) raucht,
* 34,5 % eine Person, die nicht raucht *und* männlichen Geschlechts ist.

Beschränkt man sich auf Teilgesamtheiten, dann findet man beispielsweise:

* Bei den Männern beträgt der Anteil der Raucher $\frac{9,85}{34,0} \approx \frac{14,1\,\%}{48,6\,\%} \approx 29,0\,\%$, andererseits aber ist der Anteil der Männer unter den Rauchern $\frac{9,85}{17,16} \approx \frac{14,1\,\%}{24,5\,\%} \approx 57,4\,\%$.
* Bei den Frauen beträgt der Anteil der Nichtraucher $\frac{28,69}{36,0} \approx \frac{41,0\,\%}{51,4\,\%} \approx 79,7\,\%$, und der Anteil der Frauen unter den Nichtrauchern ist $\frac{28,69}{52,84} \approx \frac{41,0\,\%}{75,5\,\%} \approx 54,3\,\%$.

Liest man solche Angaben, dann entsteht vielleicht der Eindruck, dass diese Daten nicht stimmen können, weil sie „irgendwie" widersprüchlich sind. Am konkreten Beispiel haben wir jedoch sehen können, dass alles stimmt.

Die zuletzt bestimmten Wahrscheinlichkeiten, die sich auf Teilgesamtheiten beziehen, werden als **bedingte Wahrscheinlichkeiten** bezeichnet, da man für die Auswahl eine *Bedingung* berücksichtigt. In der formalen Schreibweise kennzeichnet man dies durch einen Index, aus dem klar wird, auf welche Teilgesamtheit sich die Aussage bezieht. Ist kein Index angegeben, beziehen sich die Angaben auf die volle Gesamtheit:

$$P(\text{Frau}) = 51,4\ \%;\ P(\text{Nichtraucher}) = 75,5\ \%;$$

$$P_{\text{Nichtraucher}}(\text{Frau}) = 54,3\ \%;\ P_{\text{Frau}}(\text{Nichtraucher}) = 79,7\ \%.$$

Am letzten Beispiel wird deutlich, dass man bei bedingten Wahrscheinlichkeiten genau auf die Formulierung achten muss: Zu groß ist die Gefahr, die Eigenschaften *nichtrauchende Frauen* und *weibliche Nichtraucher* zu verwechseln!

Allgemein betrachtet man bei einer **Vierfeldertafel** zwei Merkmale mit jeweils zwei Ausprägungen, also A und $\bar{A}$ sowie B und $\bar{B}$, vgl. folgende Tabelle.

	B	$\overline{B}$	gesamt
A	$P(A \cap B)$	$P(A \cap \overline{B})$	$P(A)$
$\overline{A}$	$P(\overline{A} \cap B)$	$P(\overline{A} \cap \overline{B})$	$P(\overline{A})$
gesamt	$P(B)$	$P(\overline{B})$	1

Im Beispiel oben wurden das Merkmal *Geschlecht* (mit den Ausprägungen *A: Frauen* und *Ā: Männer*) betrachtet sowie das Merkmal *Rauchverhalten* (mit den Ausprägungen *B: Raucher* und *B̄: Nichtraucher*).

Kennt man die inneren Felder einer Vierfeldertafel (weiß), dann ergeben sich hieraus durch Summenbildung die Randfelder (hellgrau). Die Wahrscheinlichkeiten in den Randfeldern geben an, welchen Anteil die Teilgesamtheiten an der Gesamtheit aller betrachteten Personen haben; z. B. wird mit $P(B)$ hier der Anteil der Raucher an der Gesamtheit aller Einwohner Deutschlands über 15 Jahren beschrieben.

Will man Anteile innerhalb einer Teilgesamtheit bestimmen, dann muss man die betreffende Wahrscheinlichkeit in einem inneren Feld durch die Wahrscheinlichkeit im interessierenden Randfeld bilden; z. B. berechnet man den *Anteil* der Nichtraucher unter den Frauen, indem man den Quotienten aus dem inneren Feld *„Anteil der nichtrauchenden Frauen an der Gesamtheit"* durch den in einem Randfeld stehenden *„Anteil der Nichtraucher an der Gesamtheit"* dividiert:

$$P_{\text{Nichtraucher}}(\text{Frau}) = \frac{P(\text{nichtrauchende Frauen})}{P(\text{Nichtraucher})} \approx \frac{41{,}0\,\%}{75{,}5\,\%} \approx 54{,}3\,\%$$

In der mathematischen Fachsprache ist dies die **bedingte Wahrscheinlichkeit** für die Merkmalsausprägung *Frau* unter der Bedingung *Nichtraucher.*

▶ **Bedingte Wahrscheinlichkeit** Die **bedingte Wahrscheinlichkeit** für ein Ereignis A unter der Bedingung B ist definiert durch den Quotienten $P_B(A) = \frac{P(A \cap B)}{P(B)}$.

Bedingte Wahrscheinlichkeiten lassen sich als Quotienten innerhalb einer Zeile oder innerhalb einer Spalte einer Vierfeldertafel bestimmen.

Oft sind in statistischen Veröffentlichungen nur einzelne bedingte Wahrscheinlichkeiten angegeben, aus denen man sich aber die zugrunde liegende Vierfeldertafel vollständig erschließen kann.

Manchmal ist eine Information über $P_A(B)$ gegeben, aber eigentlich interessiert man sich für $P_B(A)$. Um dann $P_B(A)$ aus $P_A(B)$ zu berechnen, wendet man eine etwas komplizierte Regel an (Satz von Bayes). Auf deren Kenntnis kann man aber durchaus verzichten, wie im folgenden Beispiel verdeutlicht wird, das ebenfalls auf Daten des Mikrozensus beruht.

Beispiel: Verheiratete Nichtraucher und unverheiratete Raucher

In einem Beitrag über die Ergebnisse des Mikrozensus heißt es: *Während der überwiegende Teil der Nichtraucher verheiratet ist (55,1 %), ist der überwiegende Teil der Raucher nicht verheiratet (55,5 %).*

Über diesen Text muss man vielleicht zweimal nachdenken, bevor man ihn versteht … (wirklich?)

An anderer Stelle wird erwähnt, dass 24,5 % der durch den Mikrozensus erfassten Personen (also der Einwohner Deutschlands über 15 Jahren) rauchen.

Diese drei Informationen genügen, um weitere Einzelheiten zu erschließen.

Dies gelingt besonders einfach, wenn man die Informationen in Form eines 2-stufigen Baumdiagramms notiert: Auf der 1. Stufe wird das Merkmal *Rauchverhalten* betrachtet, auf der 2. Stufe das Merkmal *Familienstand*.

Mit der Information darüber, mit welchem Anteil eine Ausprägung vorhanden ist, hat man durch die *Komplementärregel* auch die Information darüber, mit welchem Anteil diese Ausprägung *nicht* vorhanden ist.

Und wenn man jetzt noch beachtet, was man im Rahmen der Prozentrechnung gelernt hat, nämlich, dass 44,5 % von 24,5 % nichts anderes ist als

$$0{,}445 \cdot 0{,}245 \approx 0{,}109 = 10{,}9\,\%$$

dann erschließen sich alle Anteile der einzelnen Teilgruppen in dem folgenden Baumdiagramm.

Die so berechneten Anteile/Wahrscheinlichkeiten kann man unmittelbar in die vier inneren Felder einer Vierfeldertafel eintragen und hieraus durch Addieren die Werte der Randfelder erschließen.

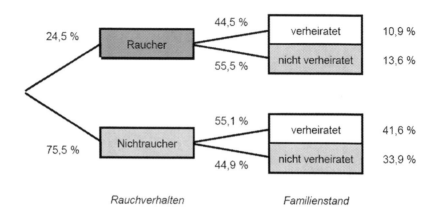

	Raucher	Nichtraucher	gesamt
verheiratet	10,9 %	41,6 %	52,5 %
nicht verheiratet	13,6 %	33,9 %	47,5 %
gesamt	24,5 %	75,5 %	100 %

Beispiel

Mithilfe der inneren Felder der Vierfeldertafel (weiß) und der unten stehenden Randfelder (hellgrau) lassen sich dann die folgenden bedingten Wahrscheinlichkeiten berechnen:

$$P_{\text{verheiratet}}(\text{Raucher}) = \frac{10,9\,\%}{52,5\,\%} \approx 20,8\,\%,$$

$$P_{\text{verheiratet}}(\text{Nichtraucher}) = \frac{41,6\,\%}{52,5\,\%} \approx 79,2\,\%,$$

oder mithilfe der Komplementärregel:

$$P_{\text{verheiratet}}(\text{Nichtraucher}) \approx 100\,\% - 20,8\,\% = 79,2\,\%,$$

$P_{\text{nicht verheiratet}}(\text{Raucher}) = \frac{13,6\,\%}{47,5\,\%} \approx 28,7\,\%,$

$P_{\text{nicht verheiratet}}(\text{Nichtraucher}) = \frac{33,9\,\%}{47,5\,\%} \approx 71,3\,\%$ bzw.

$P_{\text{nicht verheiratet}}(\text{Nichtraucher}) \approx 100 - 28,7\,\% = 71,3\,\%,$

Im Informationstext zum Mikrozensus hätte also auch der folgende, vielleicht eher verständliche Satz stehen können:

- Während unter den Verheirateten nur 20,8 % rauchen, beträgt der Anteil der Raucher unter den Nicht-Verheirateten (Ledige, Geschiedene, Verwitwete) 28,7 %.

Aus der Vierfeldertafel ergibt sich auch ein zweites Baumdiagramm, das folgende **umgekehrte Baumdiagramm,** bei dem die Reihenfolge der betrachteten Merkmale vertauscht ist.

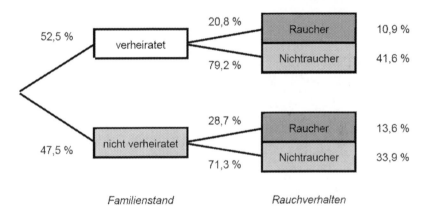

Familienstand   *Rauchverhalten*

Hinweis: Bei den Rechnungen können rundungsbedingt Abweichungen in der dritten Dezimalstelle auftreten.

▷ **Baumdiagramme und Vierfeldertafeln** Mehrstufige Zufallsversuche lassen sich mithilfe eines Baumdiagramms darstellen. Zu jedem der möglichen Ergebnisse des Zufallsexperiments gehört ein Pfad im Baumdiagramm. Zeichnet man ein vollständiges Baumdiagramm, dann ist eine Kontrolle möglich: Die Summe aller Wahrscheinlichkeiten nach einer Verzweigung ist gleich 1.

Für Baumdiagramme gelten die folgenden einfachen Rechenregeln:

- **Pfadmultiplikationsregel:** Die Wahrscheinlichkeit eines Pfades ist gleich dem Produkt der Wahrscheinlichkeiten längs dieses Pfades.
- **Pfadadditionsregel:** Gehören zu einem Ereignis mehrere Pfade, dann ist die Wahrscheinlichkeit dieses Ereignisses gleich der Summe der Wahrscheinlichkeiten der zugehörigen Pfade.

Die Daten aus einer **Vierfeldertafel** lassen sich auf zwei Arten in einem zweistufigen Baumdiagramm wiedergeben (auf der 1. Stufe wird das eine, auf der 2. Stufe das andere Merkmal betrachtet). Umgekehrt lassen sich die Daten aus einem Baumdiagramm in eine Vierfeldertafel übertragen und daraus das andere („umgekehrte") Baumdiagramm entwickeln.

Formal sieht das dann so aus, wie in Abb. 2.1 dargestellt.

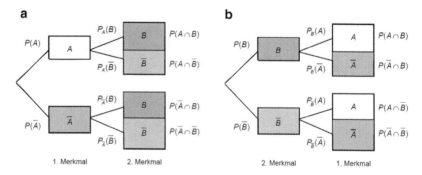

Abb. 2.1 Baumdiagramm für zwei Merkmale und das zugehörige umgekehrte Baumdiagramm

Beispiel

Etwa 15 % der erwachsenen Bevölkerung in Mitteleuropa leidet unter einer sog. Laktose-Intoleranz. Bei diesen Personen wird der in der Nahrung enthaltene Milchzucker nicht oder nicht vollständig verdaut, da ihnen das Verdauungsenzym Laktase fehlt. So gelangt ungespaltener Milchzucker bis in den Dickdarm, was dann zu starken, schmerzhaften Beschwerden im Bauchraum führt.

Ein mögliches (nicht allzu teures) Verfahren, mit dem überprüft werden kann, ob diese Art der Erkrankung vorliegt, ist der *Wasserstoff-Atemtest*. Die Patienten nehmen eine gewisse (normierte) Flüssigkeitsmenge auf, in der Milchzucker aufgelöst ist. Dann wird über mehrere Stunden der Wasserstoffgehalt der Atemluft beim Ausatmen bestimmt. Wenn dieser über einem durch Erfahrung festgelegten Normwert liegt, geht man davon aus, dass Laktose-Intoleranz vorliegt.

Bei Tests dieser Art können jedoch Fehler unterlaufen:

Erfahrungsgemäß kommt es vor, dass bei 95 % der Patienten, bei denen eine Laktose-Intoleranz tatsächlich vorliegt, auch der Messwert *über* dem Normwert liegt (sog. **Sensitivität** der Testmethode), d. h., nur mit einer Wahrscheinlichkeit von etwa 5 % der Erkrankten bleibt der Messwert unterhalb des Normwerts, obwohl bei den Personen die Laktose-Intoleranz vorliegt (sog. *falsch-negative* Testergebnisse).

Erfahrungsgemäß liegt bei 98 % der Patienten, die *nicht* unter Laktose-Intoleranz leiden, der Messwert *unter* dem Normwert (sog. **Spezifität** der Testmethode), d. h., nur mit einer Wahrscheinlichkeit von etwa 2 % wird bei Personen, bei denen *keine* Laktose-Intoleranz vorliegt, der Normwert überschritten (sog. *falsch-positive* Testergebnisse).

Diese Erfahrungswerte müssen beachtet werden, wenn man die folgenden Fragen beantworten möchte, die für die Patienten eigentlich wichtig sind:

- Wie groß ist die Wahrscheinlichkeit, dass eine zufällige ausgewählte Person, deren Messwert *über* dem Normwert liegt, tatsächlich eine Laktose-Intoleranz hat?
- Wie sicher kann eine zufällig ausgewählte Person sein, deren Messwert *unter* dem Normwert liegt, dass tatsächlich *keine* Laktose-Intoleranz vorliegt?

Zur Beantwortung der Fragen muss sorgfältig überlegt werden, worüber welche Informationen gegeben sind und welche Informationen erst noch erschlossen werden müssen.

Dazu ist es hilfreich, die gegebenen Informationen über den Anteil der Laktose-intoleranten Personen in der Gesamtbevölkerung sowie über die Qualität des Wasserstoff-Atemtests in einem Baumdiagramm zu erfassen.

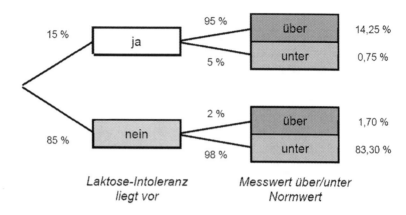

Die rechts stehenden, durch Anwendung der Pfadmultiplikationsregel erhaltenen Anteile (Wahrscheinlichkeiten) kann man sich besser vorstellen, wenn man sie in eine Vierfeldertafel einträgt.

| | Messwert über/unter Normwert | | gesamt |
	über	unter	
Laktose-Intoleranz liegt vor ja	14,25 %	0,75 %	15,0 %
Laktose-Intoleranz liegt vor nein	1,70 %	83,30 %	85,0 %
gesamt	15,95 %	84,05 %	100 %

Erfahrungsgemäß gelingt dies noch besser, wenn man (anstelle der Anteile) absolute Häufigkeiten betrachtet:

- Was bedeuten die Informationen, wenn man diesen Test bei 10.000 zufällig ausgewählten Personen durchführt?

		Messwert über/unter Normwert		gesamt
		über	unter	
Laktose-Intoleranz liegt vor	ja	1425	75	1500
	nein	170	8330	8500
gesamt		1595	8405	10000

Schließlich kann man dann aus dem folgenden *umgekehrten* Baumdiagramm Aussagen über die tatsächliche Brauchbarkeit des Wasserstoff-Atemtests ablesen.

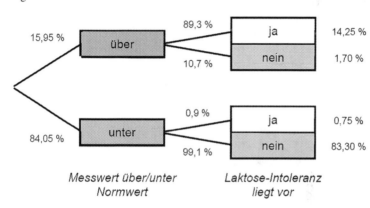

Messwert über/unter   *Laktose-Intoleranz*
Normwert   *liegt vor*

Würde man den Test bei 10.000 zufällig ausgewählten Personen durchführen, dann lägen bei 1595 Probanden die Messwerte *über* dem Normwert.

- Bei diesen liegt dann mit einer Wahrscheinlichkeit von ca. 89,3 % tatsächlich eine Laktose-Intoleranz vor. Ungefähr 10,7 % der getesteten Patienten gehen aber dann fälschlicherweise davon aus, dass bei ihnen eine Laktose-Intoleranz vorliegt und stellen möglicherweise ihre Essgewohnheiten um, kaufen die teuren Laktose-freien Lebensmittel usw.
- Die übrigen Probanden, deren Messwert also *unter* dem Normwert liegt, können fast sicher sein (Wahrscheinlichkeit 99,1 %), dass bei ihnen keine Laktose-Intoleranz vorliegt. Nur in seltenen Fällen (0,9 %) wird die tatsächlich vorliegende Laktose-Intoleranz nicht erkannt.

Das Testverfahren eignet sich also vor allem dazu, das Vorliegen einer Laktose-Intoleranz *auszuschließen*.

2.3 Kombinatorische Hilfsmittel

Wenn man bei einem Laplace-Versuch die Wahrscheinlichkeit für ein bestimmtes Ereignis bestimmen möchte, besteht die Notwendigkeit, die benötigten Anzahlen (Anzahl der insgesamt möglichen Ergebnisse des Zufallsversuchs bzw. Anzahl der möglichen Ergebnisse, die zum betrachteten Ereignis gehören) zu ermitteln. Dies geschieht oft mithilfe kombinatorischer Überlegungen.

Bei der Beschäftigung mit kombinatorischen Fragestellungen besteht allerdings die Gefahr sich zu verzetteln, weil man sich beliebig komplizierte Situationen ausdenken kann, für die man die zugehörige Wahrscheinlichkeit bestimmen möchte.

Im Allgemeinen kommt man mit einem grundlegenden **Zählprinzip** aus, das in drei speziellen Standardsituationen angewendet wird.

▶ **Allgemeines Zählprinzip** Besteht ein Zufallsversuch aus k Stufen und ist die Anzahl der möglichen Ergebnisse auf den einzelnen Stufen m_1, m_2, ..., m_k, dann hat der Zufallsversuch insgesamt $m_1 \cdot m_2 \cdot ... \cdot m_k$ verschiedene mögliche Ergebnisse.

▶ **Spezialfall 1: Ziehen ohne Wiederholung** Gibt es bei einem k-stufigen Zufallsversuch auf der 1. Stufe n mögliche Ergebnisse, auf der 2. Stufe $n-1$ mögliche Ergebnisse, ..., auf der k-ten Stufe $n-k+1$ mögliche Ergebnisse, dann sind dies insgesamt $\underbrace{n \cdot (n-1) \cdot ... \cdot (n-k+1)}_{k \ Faktoren}$ verschiedene mögliche Ergebnisse.

▶ **Spezialfall 2: Ziehen mit Wiederholung** Gibt es bei einem k-stufigen Zufallsversuch auf jeder Stufe n mögliche Ergebnisse, dann sind dies insgesamt $\underbrace{n \cdot n \cdot ... \cdot n}_{k \ Faktoren} = n^k$ verschiedene mögliche Ergebnisse.

Hinweis: Spezialfall 3 folgt weiter unten

Beispiele zum allgemeinen Zählprinzip und den Sonderfällen

1. Wenn auf der Speisekarte eines Restaurants $m_1 = 4$ Vorspeisen, $m_2 = 5$ Hauptgerichte und $m_3 = 3$ Nachspeisen angeboten werden (und wenn man jeweils nur *eine* Vorspeise, *ein* Hauptgericht und *eine* Nachspeise auswählt), dann hat man $m_1 \cdot m_2 \cdot m_3 = 4 \cdot 5 \cdot 3 = 60$ Möglichkeiten, sich ein Menü zusammenzustellen.

Die Begründung für die Anwendung des allgemeinen Zählprinzips in diesem Beispiel kann mithilfe eines Entscheidungsbaums mit $4 \cdot 5 \cdot 3$ Verzweigungen erfolgen.

2. Bei einer **Lottoziehung** *6 aus 49* werden nacheinander 6 von 49 durchnummerierten Kugeln aus dem Ziehungsgefäß gezogen; dabei werden die gezogenen Kugeln nicht zurückgelegt – es kann also keine *Wiederholung* eines Ergebnisses geben.

Für diese 6-stufige Ziehung gibt es

$$\underbrace{n \cdot (n-1) \cdot \ldots \cdot (n-k+1)}_{k \text{ Faktoren}} = \underbrace{49 \cdot 48 \cdot 47 \cdot 46 \cdot 45 \cdot 44}_{6 \text{ Faktoren}} = 10.068.347.520$$

mögliche Abfolgen.

Hinweis: Das ist *nicht* gleichbedeutend mit der *Anzahl der möglichen Lottotipps,* s. u.

3. Beim 5-fachen **Würfeln** können sich die Ergebnisse wiederholen (d. h., Augenzahlen können auch mehrfach auftreten). Daher gibt es insgesamt

$$\underbrace{n \cdot n \cdot \ldots \cdot n}_{k \text{ Faktoren}} = \underbrace{6 \cdot 6 \cdot 6 \cdot 6 \cdot 6}_{5 \text{ Faktoren}} = 6^5 = 7776 \text{ verschiedene 5-Tupel, darunter z.}$$

B. (6; 4; 6; 1; 1) oder (1; 3; 5; 2; 4) oder (1; 3; 5; 2; 4) oder (1; 1; 1; 1; 1).

4. Beim **Auslosen** der Reihenfolge für den Start eines Einzelwettlaufs mit 10 Teilnehmern finden 10 Ziehungen ohne Wiederholung statt (z. B. aus einem Ziehungsgefäß mit Kugeln, die von 1 bis 10 nummeriert sind). Das Besondere hier ist, dass die Anzahl k der Ziehungen mit der Anzahl n der Kugeln vor der ersten Ziehung übereinstimmt (sog. *vollständige* Ziehung).

Für diese 10-stufige Ziehung gibt es

$$\underbrace{n \cdot (n-1) \cdot \ldots \cdot (n-k+1)}_{k \text{ Faktoren}} = \underbrace{10 \cdot 9 \cdot 8 \cdot 7 \cdot 6 \cdot 5 \cdot 4 \cdot 3 \cdot 2 \cdot 1}_{10 \text{ Faktoren}} = 3.628.800$$

Möglichkeiten.

Man könnte die Lösung zum letzten Beispiel auch so ausdrücken: Es gibt $10 \cdot 9 \cdot 8 \cdot 7 \cdot 6 \cdot 5 \cdot 4 \cdot 3 \cdot 2 \cdot 1$ verschiedene Möglichkeiten, um 10 Objekte (Personen, Dinge, ...) *anzuordnen.*

Für einen solchen Produktterm gibt es eine besondere Schreibweise:

Anstatt $10 \cdot 9 \cdot 8 \cdot 7 \cdot 6 \cdot 5 \cdot 4 \cdot 3 \cdot 2 \cdot 1$ schreibt man kurz 10! (ausgesprochen wird dies als „zehn Fakultät"), also allgemein:

▷   **Definition von *n!***

$$n! = n \cdot (n-1) \cdot \ldots \cdot 2 \cdot 1$$

Zusätzlich definiert man: $1! = 1$ und $0! = 1$.

Die Anzahl der Möglichkeiten in Beispiel (2) kann man ebenfalls mithilfe der Fakultäten-Schreibweise notieren:

$$\underset{\text{6 Faktoren}}{49 \cdot 48 \cdot 47 \cdot 46 \cdot 45 \cdot 44} = \frac{49!}{(49 - 6)!} = \frac{49!}{43!}$$

In Taschenrechnern findet man hierfür meist die Bezeichnung $_{49}P_6$ oder $P(49, 6)$ – P steht für *permutations*.

Beispiele zum allgemeinen Zählprinzip und den Sonderfällen (Fortsetzung)

5. Beim **Lottospiel 6 aus 49** gibt es 13.983.816 verschiedene Tippmöglichkeiten, und das ergibt sich wie folgt:

Nachdem die sechs Kugeln mit den Gewinnzahlen einer Wochenziehung gezogen sind, werden die sechs Kugeln (Zahlen) in eine aufsteigende Reihenfolge gebracht. Die ursprüngliche Ziehungsreihenfolge spielt also keine Rolle.

Für 6 Kugeln gibt es $6 \cdot 5 \cdot 4 \cdot 3 \cdot 2 \cdot 1 = 6! = 720$ Möglichkeiten der Anordnung (nämlich 6 Möglichkeiten für die erste Zahl, 5 Möglichkeiten für die zweite Zahl usw.).

Die in Beispiel (2) ermittelte Anzahl der Möglichkeiten

$$\underset{\text{6 Faktoren}}{49 \cdot 48 \cdot 47 \cdot 46 \cdot 45 \cdot 44} = 10.068.347.520$$

gibt zwar die *Anzahl der möglichen Ziehungsabfolgen* an.

Aber diese Anzahl ist um den Faktor 720 zu groß, denn je 720 Abfolgen der oben berechneten über 10 Mrd. Ziehungsabfolgen führen nach der Umordnung in eine aufsteigende Reihenfolge zu demselben offiziell verkündeten Ziehungsergebnis, d. h., die Anzahl der möglichen Tipps ist gleich

$$\frac{49 \cdot 48 \cdot 47 \cdot 46 \cdot 45 \cdot 44}{6 \cdot 5 \cdot 4 \cdot 3 \cdot 2 \cdot 1} = \frac{49!}{6! \cdot 43!} = 13.983.816.$$

Auch für solche Terme gibt es eine abkürzende Schreibweise:

$$\binom{49}{6} = \frac{49!}{6! \cdot 43!} \text{ (ausgesprochen wird dies als „49 über 6“).}$$

In Taschenrechnern findet man hierfür meist die Bezeichnung $_{49}C_6$ oder $C(49, 6)$ (C steht für *combinations*).

Diese Zahlen werden als **Binomialkoeffizienten** bezeichnet, weil sie eine wichtige Rolle im Zusammenhang mit dem **binomischen Lehrsatz** spielen.

Hinweis zum Nachdenken: Die Lottoziehung wäre eigentlich spannender, wenn nicht nacheinander die 6 Gewinnzahlen gezogen würden, sondern nacheinander die 43 Zahlen, die kein Glück bringen. Man überlege sich, warum es für diese Art der Lottoziehung ebenfalls 13.983.816 Möglichkeiten gibt.

Man könnte die Lottoziehung auch noch weniger spannend durchführen, indem die sechs Kugeln mit einem Griff herausgenommen werden, denn die Reihenfolge der Ziehung spielt ja keine Rolle. Dies ist eine sogenannte **Stichprobennahme** (eine Bezeichnung, wie sie in der Statistik üblich ist).

▶ **Spezialfall 3: Stichprobennahme** Kommt es bei einer k-fachen Ziehung (ohne Wiederholung) aus einer Gesamtheit von n Objekten nicht auf die Reihenfolge der Ziehung an, d. h., nimmt man eine Stichprobe vom Umfang k aus einer Gesamtheit vom Umfang n, dann gibt es hierfür insgesamt $\binom{n}{k} = \frac{n \cdot (n-1) \cdot \ldots \cdot (n-k+1)}{k \cdot (k-1) \cdot \ldots \cdot 1} = \frac{n!}{k! \cdot (n-k)!}$ verschiedene mögliche Ergebnisse.

Da oben definiert wurde, was 0! und 1! bedeuten, sind auch die Fälle berücksichtigt, bei denen 0 Objekte bzw. 1 Objekt aus einer Gesamtheit genommen werden.

Beispiel: Gewinnklassen beim Lottospiel 6 aus 49

Beim Lottospiel *6 aus 49* gibt es verschiedene Gewinnklassen. Zum Beispiel gewinnt man in Gewinnklasse 6, wenn man vier der sechs Gewinnzahlen getippt hat. Die Wahrscheinlichkeit hierfür berechnet sich mithilfe des folgenden Terms:

$$P(4 \text{ Richtige}) = \frac{\binom{6}{4} \cdot \binom{43}{2}}{\binom{49}{6}} = \frac{15 \cdot 903}{13.983.816} \approx 0,0969 \text{ \%} \approx \frac{1}{1032}$$

Begründung: Es gibt $\binom{6}{4} = 15$ Möglichkeiten, 4 der 6 Gewinnzahlen anzukreuzen, und $\binom{43}{2} = 903$ Möglichkeiten für die restlichen 2 Kreuze, bei denen die Auswahl unter 43 Nicht-Gewinnzahlen besteht. Nach dem allgemeinen Zählprinzip müssen diese beiden Anzahlen miteinander multipliziert werden.

Um eine Vorstellung von dieser Wahrscheinlichkeit zu bekommen, kann man die Häufigkeitsinterpretation der Wahrscheinlichkeit anwenden:

Unter 1032 Zufallstipps ist gerade mal 1 Tipp mit 4 Richtigen!

Übrigens: Diese Wahrscheinlichkeit ist ungefähr genauso groß wie die Wahrscheinlichkeit des Ereignisses *10-mal Wappen beim 10-fachen Münzwurf,* denn

$$P(\text{10-mal Wappen}) = \tfrac{1}{2} \cdot \tfrac{1}{2} \cdot \ldots \cdot \tfrac{1}{2} = \left(\tfrac{1}{2}\right)^{10} = \tfrac{1}{1024} \approx 0{,}0977\ \%.$$

Beispiel: Kleine Gewinnzahlen beim Lottospiel *6 aus 49*

Im Zusammenhang mit den Lottozahlen kann man viele interessante Fragen untersuchen.

Beispielsweise kann es vorkommen, dass bei einer Lottoziehung lauter Zahlen gezogen werden, die kleiner sind als 32. Wenn dies der Fall ist, dann gibt es erfahrungsgemäß vergleichsweise viele Gewinner (und deshalb werden dann nur kleine Gewinnbeträge ausgezahlt). Das liegt daran, dass zu viele Lotto-Tipper glauben, dass ihnen ihre eigenen Geburtsdaten (oder die von nahestehenden Personen) Glück bringen.

Um die Wahrscheinlichkeit zu bestimmen, dass unter den sechs Gewinnzahlen der Ziehung lauter Zahlen zwischen 1 bis 31 (einschließlich) sind, ermittelt man also die Anzahl der Möglichkeiten für die Auswahl von „6 aus 31":

Das sind $\binom{31}{6} = 736.281$ Möglichkeiten. Daher gilt für die Wahrscheinlichkeit eines solchen Ereignisses:

$$P(\text{alle Gewinnzahlen sind kleiner als 32}) = \frac{\binom{31}{6}}{\binom{49}{6}}$$

$$= \tfrac{736.281}{13.983.816} \approx 0{,}0527 = 5{,}27\ \%$$

In den 5548 Lottoziehungen (bis Ende 2016) trat dieser Fall tatsächlich 270-mal ein; die relative Häufigkeit ist $\tfrac{270}{5548} \approx 0{,}0487 = 4{,}87\ \%$. Der Fall trat also seltener ein als zu erwarten war.

- Ist also doch etwas nicht in Ordnung mit den Lottoziehungen?

Um solche Abweichungen zwischen „theoretisch" bestimmter Wahrscheinlichkeit und „praktisch" ermittelter relativer Häufigkeit bewerten zu können, muss man sich mit den Methoden der Beurteilenden Statistik beschäftigen.

Beispiel: Benachbarte Gewinnzahlen beim Lottospiel *6 aus 49*

Während das Ereignis „lauter Gewinnzahlen unter 32" nur relativ selten eintritt, scheint es bei einem Blick auf die Listen mit den Gewinnzahlen überraschend oft vorzukommen, dass unter den Gewinnzahlen einer Ausspielung zwei oder mehr Zahlen zueinander benachbart sind, z. B. sind bei den Gewinnzahlen 1, 23, 24, 35, 40, 47 die Zahlen 23 und 24 benachbart.

- Wie oft kommt so etwas tatsächlich vor? Wie groß ist die Wahrscheinlichkeit hierfür?

Die Bestimmung dieser Wahrscheinlichkeit geschieht am einfachsten mithilfe der Komplementärregel (vgl. Abschn. 2.1):

Das Gegenereignis von *Mindestens zwei Gewinnzahlen sind zueinander benachbart* ist *Zwischen den sechs Gewinnzahlen liegt jeweils mindestens eine Nicht-Gewinnzahl,* d. h., zwischen je zwei Gewinnzahlen liegt mindestens eine Zahl, die nicht gezogen wird.

Daher findet bei einer solchen Lottoziehung eigentlich nur eine Auswahl „6 aus 44" statt, denn zwischen den sechs Gewinnzahlen einer Ziehung muss es fünf „Zwischenräume" von (mindestens) einer Zahl geben.

Unter den insgesamt $\binom{49}{6} = 13.983.816$ Tippmöglichkeiten beim Lotto

sind also $\binom{44}{6} = 7.059.052$ solche Fälle enthalten, bei denen die Reihe der

Gewinnzahlen die geforderten Lücken enthält.

Die Wahrscheinlichkeit hierfür ist also:

P(zwischen zwei Gewinnzahlen liegt jeweils mindestens eine andere

$$\text{Zahl)} = \frac{\binom{44}{6}}{\binom{49}{6}} = \frac{7.059.052}{13.983.816} \approx 0{,}5048 = 50{,}48\,\%$$

Daher ist die gesuchte Wahrscheinlichkeit für das Gegenereignis:

P(mindestens zwei Gewinnzahlen sind benachbart) =

$$1 - \frac{\binom{44}{6}}{\binom{49}{6}} = 1 - \frac{7.059.052}{13.983.816} \approx 1 - 0{,}5048 = 0{,}4952 = 49{,}52\,\%.$$

Die beiden Wahrscheinlichkeiten liegen so nahe bei 50 %, dass man fast die gleichen Chancen hätte, wenn man auf das eine oder auf das andere Ergebnis wetten würde.

In den insgesamt 5548 Lottoziehungen bis Ende 2016 trat der Fall von *mindestens zwei benachbarten Gewinnzahlen* tatsächlich 2806-mal ein; das ist ein Anteil von 50,58 %.

Obwohl die Wahrscheinlichkeit für das Ereignis *mindestens zwei benachbarte Gewinnzahlen* etwas kleiner ist als 50 %, ergab sich bei dieser 5548-fachen Durchführung des Zufallsversuchs eine relative Häufigkeit, die etwas größer ist als 50 %. Auch hier stellt sich die Frage, ob eine solche Abweichung ungewöhnlich ist.

Wahrscheinlichkeitsverteilung – Erwartungswert

3

3.1 Wahrscheinlichkeitsverteilung einer Zufallsgröße

Bei vielen Zufallsversuchen interessieren nicht unbedingt die einzelnen möglichen Ergebnisse, sondern oft gewisse (Zahlen-)Werte, die den Ergebnissen zugeordnet werden können.

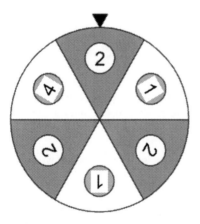

Beispiel: Glücksrad

Bei einem Spiel mit einem Glücksrad bleibt der Zeiger zufällig auf einem der sechs gleich großen Sektoren stehen. Es wird der Betrag in Euro ausgezahlt, der in diesem Sektor eingetragen ist.

© Springer Fachmedien Wiesbaden GmbH, ein Teil von Springer Nature 2018
H. K. Strick, *Einführung in die Wahrscheinlichkeitsrechnung*, essentials,
https://doi.org/10.1007/978-3-658-21853-9_3

Der Zufallsversuch hat zwar sechs verschiedene Ergebnisse, aber von Interesse ist hier, mit welcher Zahl ein Sektor beschriftet ist. Man fasst also verschiedene Ergebnisse jeweils zu einem Ereignis zusammen – nämlich jeweils diejenigen, denen der gleiche Auszahlungsbetrag zugeordnet wird. Die möglichen Auszahlungsbeträge und die zugehörigen Wahrscheinlichkeiten können in Form einer Tabelle zusammengestellt werden.

Auszahlung in Euro	Wahrscheinlichkeit
1	$\frac{1}{3} = \frac{2}{6}$
2	$\frac{1}{2} = \frac{3}{6}$
4	$\frac{1}{6}$
gesamt	$1 = \frac{6}{6}$

Die Zuordnung, durch die jedem der sechs Ergebnisse (Sektoren) jeweils ein *Auszahlungsbetrag* zugeordnet wird, bezeichnet man als **Zufallsgröße,** die Tabelle mit den Werten der Zufallsgröße und den zugehörigen Wahrscheinlichkeiten als **Wahrscheinlichkeitsverteilung der Zufallsgröße.**

Während im ersten Beispiel die Situation einfach zu überschauen war, muss beim nächsten Beispiel ein Zwischenschritt eingelegt werden.

Beispiel: Augensumme

Bei einem Spiel mit zwei Würfeln (z. B. einem blauen und einem roten Würfel) erhält man so viele Punkte, wie sich aus der Augensumme der beiden Würfel ergibt.

Als Augensumme können die Werte 2, 3, 4, …, 11, 12 auftreten.

Man sagt: Die Zufallsgröße *Augensumme* kann die Werte 2, 3, 4, …, 11, 12 annehmen.

Mit welchen Wahrscheinlichkeiten dies jeweils der Fall ist, ergibt sich am einfachsten durch Abzählen der Anzahl der Möglichkeiten mithilfe der folgenden Kombinationstabelle.

rot → ↓ blau	1	2	3	4	5	6
1	2	3	4	5	6	7
2	3	4	5	6	7	8
3	4	5	6	7	8	9
4	5	6	7	8	9	10
5	6	7	8	9	10	11
6	7	8	9	10	11	12

Beispiel

Unter den 36 möglichen Augenzahl-Kombinationen gibt es eine mit Augensumme 2, zwei mit Augensumme 3, drei mit Augensumme 4 usw. Hieraus ergibt sich dann die folgende Tabelle der Wahrscheinlichkeitsverteilung der Zufallsgröße Augensumme.

Augensumme	2	3	4	5	6	7	8	9	10	11	12
Wahrscheinlichkeit	$\frac{1}{36}$	$\frac{2}{36}$	$\frac{3}{36}$	$\frac{4}{36}$	$\frac{5}{36}$	$\frac{6}{36}$	$\frac{5}{36}$	$\frac{4}{36}$	$\frac{3}{36}$	$\frac{2}{36}$	$\frac{1}{36}$

Beispiel: Anzahl der Asse im Skat

Beim Skat-Kartenspiel werden von den 32 Spielkarten je zehn Karten an die drei Mitspieler verteilt, zwei Karten bleiben verdeckt im sog. *Skat*. Da bei diesem Kartenspiel die Asse von besonderer Bedeutung sind, freut sich derjenige Spieler, der schließlich auf den Skat zugreifen kann, wenn er im Skat ein Ass findet, und noch mehr, wenn es sogar zwei Asse sind.

Die Zufallsgröße *Anzahl der Asse im Skat* kann die Werte 0, 1 und 2 annehmen.

Die zugehörigen Wahrscheinlichkeiten lassen sich mithilfe der Methoden berechnen, die am Ende von Abschn. 2.3 erläutert wurden:

Der Skat besteht aus zwei der 32 Karten des Kartenspiels; für die Wahrscheinlichkeitsverteilung werden also alle 2er-Stichproben aus der Menge der 32 Spielkarten betrachtet. Die beiden Karten des Skats gehören dabei entweder beide zu den vier Assen des Kartenspiels oder beide zu den 28 Nicht-Assen oder je eine zu der einen und zu der anderen Teilmenge.

Anzahl der Asse	0	1	2
Wahrscheinlichkeit	$\dfrac{\binom{4}{0}\cdot\binom{28}{2}}{\binom{32}{2}}=\dfrac{1\cdot378}{496}\approx0{,}762=76{,}2\,\%$	$\dfrac{\binom{4}{1}\cdot\binom{28}{1}}{\binom{32}{2}}=\dfrac{4\cdot28}{496}\approx0{,}226=22{,}6\,\%$	$\dfrac{\binom{4}{2}\cdot\binom{28}{0}}{\binom{32}{2}}=\dfrac{6\cdot1}{496}\approx0{,}012=1{,}2\,\%$

3.2 Erwartungswert einer Zufallsgröße

Wahrscheinlichkeitsverteilungen von Zufallsgrößen geben an, mit welchen Wahrscheinlichkeiten die einzelnen möglichen Werte einer Zufallsgröße angenommen werden.

Führt man einen solchen Zufallsversuch wiederholt durch, dann interessiert man sich oft für die Frage, welchen Wert die Zufallsgröße **im Mittel** annimmt.

Beispiel: Glücksrad

Wenn man das o. a. Spiel mit einem oben abgebildeten Glücksrad beispielsweise 600-mal durchführt, dann kann man erwarten, dass

- in ungefähr der Hälfte der Fälle der Zeiger auf einem Sektor stehen bleiben, in dem eine „2" steht;
- in ca. einem Drittel der Spiele 1 EUR ausgezahlt wird und
- in ungefähr einem Sechstel der Fälle 4 EUR.

Dies kann man ergänzend in der Tabelle der Wahrscheinlichkeitsverteilung eintragen; dabei dienen die beiden Spalten rechts der Berechnung des zu erwartenden Mittelwerts für die 600 Spiele.

Einzelauszahlung in Euro	Wahrscheinlichkeit	erwartete Anzahl	erwartete Gesamtauszahlung in Euro
1	$\frac{1}{3}$	$\frac{1}{3}\cdot600=200$	$200\cdot1=200$
2	$\frac{1}{2}$	$\frac{1}{2}\cdot600=300$	$300\cdot2=600$
4	$\frac{1}{6}$	$\frac{1}{6}\cdot600=100$	$100\cdot4=400$
gesamt	1	600	1200

Man kann also erwarten, dass in 600 Spielen insgesamt 1200 EUR ausgezahlt werden, d. h., pro Spiel werden im Mittel 2 EUR ausgezahlt.

Dieser auf lange Sicht zu erwartende mittlere *Auszahlungsbetrag* wird als **Erwartungswert der Zufallsgröße** *Auszahlungsbetrag* bezeichnet.

Für die Bestimmung dieser Zahl ist jedoch nicht ein so großer Aufwand wie in der letzten Tabelle erforderlich:

Bei der Berechnung des zu erwartenden Mittelwerts haben wir eine große Anzahl von Spielen betrachtet (600), mit denen dann jeweils die einzelnen Wahrscheinlichkeiten multipliziert wurden. Am Ende der Rechnung wurde dann der zu erwartende Gesamtbetrag der Auszahlung durch 600 dividiert. Statt 600 Spiele zu betrachten, hätte man auch irgendeine andere Anzahl wählen können – da am Ende der Rechnung wieder durch diese Anzahl dividiert wird, kann man die Berechnung des Erwartungswerts auch direkt wie folgt durchführen.

Auszahlung (in Euro)	Wahrscheinlichkeit	erwartete Auszahlung pro Spiel (in Euro)
1	$\frac{1}{3}$	$\frac{1}{3} \cdot 1 = \frac{1}{3}$
2	$\frac{1}{2}$	$\frac{1}{2} \cdot 2 = 1$
4	$\frac{1}{6}$	$\frac{1}{6} \cdot 4 = \frac{2}{3}$
gesamt	1	2

Der Erwartungswert μ der Auszahlung bei einem Spiel mit dem o. a. Glücksrad beträgt also 2,00 EUR.

Der griechische Buchstabe μ (*lies:* mü) entspricht dem Buchstaben *m* unseres Alphabets und erinnert an das Wort Mittelwert.

Übrigens: Das Spiel mit dem Glücksrad wäre **ein faires Spiel,** wenn der Spieleinsatz 2,00 EUR beträgt. Man bezeichnet ein Spiel (oder eine Spielregel) als fair, wenn *auf lange Sicht* die zu erwartenden Einnahmen genauso groß sind wie die zu erwartenden Ausgaben.

Beispiel: Roulette-Spiel

Setzt man hier 1,00 EUR auf eine einfache Chance, z. B. auf „Rot", dann erhält man seinen Einsatz zurück und zusätzlich diesen Betrag noch einmal; insgesamt werden also 2,00 EUR ausgezahlt, wenn die Kugel auf einem roten Sektor liegen bleibt.

Der Erwartungswert des Gewinns berechnet sich dann wie in der folgenden Tabelle angegeben. Der Erwartungswert der Auszahlung ist mit $\mu = \frac{36}{37} \approx 0,976$ nur geringfügig kleiner als der Betrag, der eingesetzt wird.

Ergebnis	Auszahlung (in Euro)	Wahrschein-lichkeit	erwartete Auszahlung pro Spiel (in Euro)
rot	2,00	$\frac{18}{37}$	$\frac{18}{37} \cdot 2 = \frac{36}{37}$
schwarz oder null	0,00	$\frac{19}{37}$	$\frac{19}{37} \cdot 0 = 0$
gesamt	1		$\frac{36}{37} \approx 0{,}976$

Beim Roulette-Spiel handelt es sich um ein nicht-faires Spiel. Die gering erscheinenden 2,4 % Verlust pro Spiel können allerdings durchaus zum Ruin eines Spielers beitragen, wenn dieser sich selbst keine Ausgabengrenzen setzt.

Auch bei der folgenden Berechnung einer Versicherungsprämie bestimmt man den Erwartungswert einer Wahrscheinlichkeitsverteilung.

Beispiel: Versicherungsprämie

Herr A. will einen Vertrag über eine Risikoversicherung abschließen; er ist 50 Jahre alt. Die Versicherungsprämie B für die zweijährigen Vertragsdauer ist zu Beginn des ersten sowie ggf. des zweiten Versicherungsjahres zu zahlen. Im Todesfall wird die vereinbarte Versicherungssumme S im Laufe des 1. bzw. des 2. Versicherungsjahrs ausgezahlt.

- Welche Versicherungsprämie wäre für einen Vertrag mit einer Versicherungssumme S mit S = 100.000 EUR für eine 2-jährige Dauer der Versicherung angemessen (ohne Berücksichtigung von Zinsen)?

Zur Information: Bei einer Risikoversicherung verpflichtet sich die Versicherung, einen vereinbarten Versicherungsbetrag auszuzahlen, falls der Versicherte während des Versicherungszeitraums sterben sollte; andernfalls sind keine Leistungen des Versicherers fällig.

Aus dem folgenden Auszug aus der *Sterbetafel* kann man entnehmen, wie viele von 100.000 männlichen Neugeborenen im Mittel 50, 51, 52 Jahre alt werden.

Alter	Überlebende männlich
50	96 051
51	95 707
52	95 323

Beispiel

Mithilfe der Daten aus der Sterbetafel lassen sich Schätzwerte für die benötigten Wahrscheinlichkeiten bestimmen:

P(ein 50-Jähriger wird 52 Jahre alt) $\approx \frac{95.323}{96.051} \approx 0,99242$

P(ein 50-Jähriger stirbt im 51. Lebensjahr) $= 1 - \frac{95.707}{96.051} \approx 0,00358$

P(ein 50-Jähriger wird 51 Jahre alt und stirbt im 52. Lebensjahr)
$= \frac{95.707}{96.051} \cdot \left(1 - \frac{95.323}{95.707}\right) \approx 0,99642 \cdot (1 - 0,99599) \approx 0,00400.$

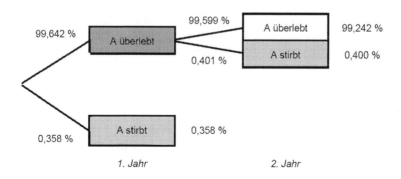

Beispiel

Man beachte: Es gilt

P(ein 50-Jähriger wird 52 Jahre alt)

= P(ein 50-Jähriger wird 51 Jahre alt) · P(ein 51-Jähriger wird 52 Jahre alt)

$\approx \dfrac{95.707}{96.051} \cdot \dfrac{95.323}{95.707} \approx 0,99642 \cdot 0,99599 \approx 0,99242$

Die drei möglichen Fälle sind in der folgenden Tabelle eingetragen; es handelt sich um die Tabelle einer Wahrscheinlichkeitsverteilung mit der Zufallsgröße *Betrag, der an die Versicherungsgesellschaft gezahlt wird,* also um die Einnahmen der Versicherung im Rahmen des Vertrags mit Herrn A.

Fall	Betrag, der an die Versicherung bezahlt wird	Wahrschein-lichkeit
A. wird 52 Jahre alt	2B	0,99242
A. stirbt im 51. Lebensjahr	B – 100000	0,00358
A. wird 51 Jahre alt und stirbt im 52. Lebensjahr	2B – 100000	0,00400

Beispiel

Der Erwartungswert der Versicherungseinnahmen kann dann mithilfe dieser Tabelle bestimmt werden:

$\mu = 0,99242 \cdot 2B + 0,00358 \cdot (B - 100.000) + 0,00400 \cdot (2B - 100.000)$

$= 1,99642 \cdot B - 758$

Eine Versicherungsprämie *B* wäre angemessen, wenn – bezogen auf eine große Zahl von identischen Fällen – die Einnahmen der Versicherung durch Versicherungsprämien und die Auszahlungen der Versicherung im Falle des Ablebens der Versicherten während des Versicherungszeitraums ausgeglichen wären, d. h., wenn die zu erwartenden Einnahmen im Mittel gleich null wären:

Die Bedingung $\mu = 1,99642 \cdot B - 758 = 0$ ist erfüllt, wenn B $\approx$ 379,68 EUR.

Wenn man weder die laufenden Kosten eines Versicherungsunternehmens noch dessen Gewinnorientierung berücksichtigt, dann wäre eine Versicherungsprämie von ca. 380 EUR (im Sinne einer fairen Wette) angemessen.

Binomialverteilung

4

4.1 Bernoulli-Ketten und Bernoulli-Formel

Im Unterschied zu den etwas aufwendigen Berechnungen der in Kap. 3 betrachteten Zufallsgrößen werden wir uns jetzt mit einem besonders einfachen Typ von mehrstufigen Zufallsversuchen beschäftigen.

▷ **Bernoulli-Ketten** Eine n-stufige **Bernoulli-Kette** ist ein n-stufiger Zufallsversuch, bei dem man auf jeder Stufe nur zwei mögliche Ergebnisse unterscheidet; diese bezeichnet man (willkürlich) als **Erfolg** (Treffer) bzw. als **Misserfolg** (Niete).

Die Wahrscheinlichkeit p, mit der auf einer Stufe ein Erfolg eintritt, wird als **Erfolgswahrscheinlichkeit** bezeichnet. Diese verändert sich bei einer Bernoulli-Kette während des gesamten n-stufigen Versuchs nicht; die Ergebnisse einer Stufe haben also keinen Einfluss auf die folgenden Stufen. Entsprechend wird die Wahrscheinlichkeit $q = 1 - p$ für einen Misserfolg als **Misserfolgswahrscheinlichkeit** bezeichnet.

Beispiel: Würfeln

Bei einem Würfelspiel wird ein Würfel dreimal nacheinander geworfen (oder drei Würfel gleichzeitig). Das Auftreten von Augenzahl 6 wird als Erfolg bewertet: Bei diesem Spiel werden so viele Euro ausgezahlt, wie Sechsen geworfen werden.

- Bei welchem Einsatz wäre dies ein faires Spiel?

© Springer Fachmedien Wiesbaden GmbH, ein Teil von Springer Nature 2018
H. K. Strick, *Einführung in die Wahrscheinlichkeitsrechnung*, essentials,
https://doi.org/10.1007/978-3-658-21853-9_4

Die Wahrscheinlichkeit für beispielsweise das Ergebnis *MEM* (also erst irgend-eine der *Augenzahlen 1 bis 5=Misserfolg,* dann ein Wurf mit *Augenzahl 6=Erfolg* und schließlich noch ein Misserfolg, also keine Sechs) berechnet sich nach der Pfadmultiplikationsregel zu $P(MEM) = \frac{5}{6} \cdot \frac{1}{6} \cdot \frac{5}{6} = \left(\frac{1}{6}\right)^1 \cdot \left(\frac{5}{6}\right)^2 = \frac{25}{216}$.

Diese Wahrscheinlichkeit ist genauso groß für das Ergebnis *EMM* und für das Ergebnis *MME.* Man kann die drei Ergebnisse *EMM, MEM, MME* zum Ereignis *genau 1 Erfolg* zusammenfassen.

Wenn wir nur darauf achten, wie viele Erfolge (Sechsen) hier auftre-ten können, dann lassen sich vier verschiedene Ereignisse unterscheiden: 0 Erfolge, 1 Erfolg, 2 Erfolge, 3 Erfolge, vgl. die folgende Tabelle.

Mithilfe der Wahrscheinlichkeiten in der dritten Spalte der Tabelle ergibt sich dann auch der Erwartungswert der Anzahl der Sechsen in der letzten Spalte.

Für den Erwartungswert der Anzahl der Sechsen gilt also $\mu = \frac{1}{2}$.

Anzahl der Erfolge = Auszahlung in Euro	zugehörige Ergebnisse	Wahrschein-lichkeit	erwartete Anzahl der Erfolge = erwartete Auszahlung in Euro
0	MMM	$1 \cdot \left(\frac{1}{6}\right)^0 \cdot \left(\frac{5}{6}\right)^3 = \frac{125}{216}$	0
1	EMM, MEM, MME	$3 \cdot \left(\frac{1}{6}\right)^1 \cdot \left(\frac{5}{6}\right)^2 = \frac{75}{216}$	$1 \cdot \frac{75}{216} = \frac{75}{216}$
2	EEM, EME, MEE	$3 \cdot \left(\frac{1}{6}\right)^2 \cdot \left(\frac{5}{6}\right)^1 = \frac{15}{216}$	$2 \cdot \frac{15}{216} = \frac{30}{216}$
3	EEE	$1 \cdot \left(\frac{1}{6}\right)^0 \cdot \left(\frac{5}{6}\right)^3 = \frac{1}{216}$	$3 \cdot \frac{1}{216} = \frac{3}{216}$
Summe		1	$\frac{108}{216} = \frac{1}{2}$

Das Rechenergebnis für den Erwartungswert im Würfel-Beispiel ist plausibel; denn bei 6 Würfen kann man im Mittel *eine* Sechs erwarten (man sagt salopp: *Im Mittel ist jeder sechste Wurf eine Sechs* – auch wenn man weiß, dass dies keine feste Gesetzmäßigkeit ist, sondern eben nur ein Mittelwert auf lange Sicht), und bei 3 Würfen entsprechend halb so viele.

Ein fairer Einsatz für das Spiel wäre also ein Betrag von 0,50 EUR.

Übrigens: Das Spiel übt eine merkwürdige Faszination aus. Die meisten Spieler sind sich sicher, dass es kein Problem ist, bei 3-maligem Würfeln min-destens *eine* Sechs zu werfen, und wenn dies dann eintritt, wird ja nicht nur der Einsatz zurückgezahlt, sondern der Betrag dann noch einmal. Man kann also eigentlich nur Gewinn machen, denken viele … Die Realität sieht aber tatsächlich anders aus.

Aus dem Beispiel werden zwei Einsichten erkennbar, die Antworten auf die folgenden beiden Fragen geben:

- Wie berechnet man die Wahrscheinlichkeiten bei Bernoulli-Ketten?
- Wie groß ist im Mittel die Anzahl der Erfolge (= Erwartungswert)?

▷ **Binomialverteilung** Die Wahrscheinlichkeit für (genau) k Erfolge bei einer n-stufigen Bernoulli-Kette mit Erfolgswahrscheinlichkeit p (und Misserfolgswahrscheinlichkeit $q = 1 - p$) ist:

$$P(k\,\text{Erfolge}) = \binom{n}{k} \cdot p^k \cdot q^{n-k} \qquad (k = 0, 1, 2, \ldots, n).$$

Der rechts stehende Term wird als **Bernoulli-Formel** bezeichnet, die zugehörige Wahrscheinlichkeitsverteilung als **Binomialverteilung.**

Für den **Erwartungswert** μ der Anzahl der Erfolge bei einer n-stufigen Bernoulli-Kette gilt: $\mu = n \cdot p$.

Der Term zur Berechnung der Wahrscheinlichkeit für genau k Erfolge bei einer n-stufigen Bernoulli-Kette setzt sich aus zwei Elementen zusammen:

- Das Produkt $p^k \cdot q^{n-k}$ gibt die Wahrscheinlichkeit für jeden der Versuchsabläufe mit k Erfolgen und $n - k$ Misserfolgen an (gemäß Pfadmultiplikationsregel).

- Der Binomialkoeffizient $\binom{n}{k}$ gibt an, wie viele solcher Versuchsabläufe mit k Erfolgen und $n - k$ Misserfolgen möglich sind.

Beispiel: Münzwurf

Eine Münze wird 4-mal geworfen. Da es bei einem Münzwurf nur zwei mögliche Ergebnisse gibt, ist eines der beiden Ergebnisse der „Erfolg" und das andere der Misserfolg. Sieht man das Auftreten von *Zahl (Z)* als *Erfolg* an und das Auftreten von *Wappen (W)* als *Misserfolg,* dann ergibt sich die Wahrscheinlichkeitsverteilung in Tab. 4.1.

Die benötigten Binomialkoeffizienten sind: $\binom{4}{0} = \binom{4}{4} = 1,$

$\binom{4}{1} = \binom{4}{3} = 4$ und $\binom{4}{2} = 6.$

In der Spalte rechts wird der Erwartungswert der Wahrscheinlichkeitsverteilung berechnet; es ergibt sich: $\mu = 2 = 4 \cdot \frac{1}{2}$.

Tab. 4.1 Wahrscheinlichkeitsverteilung und Erwartungswert beim 4-fachen Münzwurf

Anzahl der Erfolge	zugehörige Ergebnisse	Wahrscheinlichkeit	erwartete Anzahl der Erfolge
0	WWWW	$1 \cdot \left(\frac{1}{2}\right)^0 \cdot \left(\frac{1}{2}\right)^4 = \frac{1}{16} = 0{,}0625$	0
1	ZWWW, WZWW, WWZW, WWWZ	$4 \cdot \left(\frac{1}{2}\right)^1 \cdot \left(\frac{1}{2}\right)^3 = \frac{4}{16} = 0{,}25$	$1 \cdot \frac{4}{16} = \frac{4}{16}$
2	ZZWW, ZWZW, ZWWZ, WZZW, WZWZ, WWZZ	$6 \cdot \left(\frac{1}{2}\right)^2 \cdot \left(\frac{1}{2}\right)^2 = \frac{6}{16} = 0{,}375$	$2 \cdot \frac{6}{16} = \frac{12}{16}$
3	ZZZW, ZZWZ, ZWZZ, WZZZ	$4 \cdot \left(\frac{1}{2}\right)^3 \cdot \left(\frac{1}{2}\right)^1 = \frac{4}{16} = 0{,}25$	$3 \cdot \frac{4}{16} = \frac{12}{16}$
4	ZZZZ	$1 \cdot \left(\frac{1}{2}\right)^4 \cdot \left(\frac{1}{2}\right)^1 = \frac{1}{16} = 0{,}0625$	$4 \cdot \frac{1}{16} = \frac{4}{16}$
	Summe	1	$\frac{32}{16} = 2$

Beispiel: Glücksrad

Das oben abgebildete Glücksrad stoppt mit Wahrscheinlichkeit $p = \frac{1}{3}$ auf einem Sektor, der mit der Zahl 1 beschriftet ist. Sieht man beispielsweise das Stoppen bei der Zahl 1 als *Erfolg* und das Stoppen in einem der anderen vier Sektoren als *Misserfolg* an (mit der Misserfolgswahrscheinlichkeit $q = 1 - p = 1 - \frac{1}{3} = \frac{2}{3}$), dann liegt beim 5-fachen Drehen des Glücksrads die in Tab. 4.2 angegebene Wahrscheinlichkeitsverteilung vor.

Die benötigten Binomialkoeffizienten sind: $\binom{5}{0} = \binom{5}{5} = 1$, $\binom{5}{1} = \binom{5}{4} = 5$ und $\binom{5}{2} = \binom{5}{3} = 10$. In der Spalte rechts wird der Erwartungswert der Wahrscheinlichkeitsverteilung berechnet; hier ist: $\mu = 5 \cdot \frac{1}{3} = \frac{5}{3}$.

An den drei Beispielen mit $n = 3$, $n = 4$ und $n = 5$ wird im Prinzip deutlich, wie man eine Tabelle für eine Binomialverteilung anlegt.

Noch nicht angesprochen ist die Frage, warum die Binomialkoeffizienten hier eine Rolle spielen. Dies soll zunächst einmal geklärt werden.

Die Faktoren 1, 3, 3, 1 bzw. 1, 4, 6, 4, 1 und 1, 5, 10, 10, 5, 1 geben an, wie viele Einzelergebnisse zu den *jeweils* betrachteten Ereignissen gehören.

Tab. 4.2 Wahrscheinlichkeitsverteilung und Erwartungswert beim 5-fachen Drehen des Glücksrads

Anzahl der Erfolge	zugehörige Ergebnisse	Wahrscheinlichkeit	erwartete Anzahl der Erfolge
0	MMMMM	$1 \cdot \left(\frac{1}{3}\right)^0 \cdot \left(\frac{2}{3}\right)^5 = \frac{32}{243} \approx 0{,}1317$	0
1	EMMMM, MEMMM, MMEMM, MMMEM, MMMME	$5 \cdot \left(\frac{1}{3}\right)^1 \cdot \left(\frac{2}{3}\right)^4 = \frac{80}{243} \approx 0{,}3292$	$1 \cdot \frac{80}{243} = \frac{80}{243}$
2	EEMMM, EMEMM, EMMEM, EMMME, MEEMM, MEMEM, MEMME, MMEEM, MMEME, MMMEE	$10 \cdot \left(\frac{1}{3}\right)^2 \cdot \left(\frac{2}{3}\right)^3 = \frac{80}{243} \approx 0{,}3292$	$2 \cdot \frac{80}{243} = \frac{160}{243}$
3	EEEMM, EEMEM, EEMME, EMEEM, EMEME, EMMEE, MEEEM, MEEME, MEMEE, MMEEE	$10 \cdot \left(\frac{1}{3}\right)^3 \cdot \left(\frac{2}{3}\right)^2 = \frac{40}{243} \approx 0{,}1646$	$3 \cdot \frac{40}{243} = \frac{120}{243}$
4	EEEEM, EEEME, EEMEE, EMEEE, MEEEE	$5 \cdot \left(\frac{1}{3}\right)^4 \cdot \left(\frac{2}{3}\right)^1 = \frac{10}{243} \approx 0{,}0411$	$4 \cdot \frac{10}{243} = \frac{40}{243}$
5	EEEEE	$1 \cdot \left(\frac{1}{3}\right)^5 \cdot \left(\frac{2}{3}\right)^0 = \frac{1}{243} \approx 0{,}0041$	$5 \cdot \frac{1}{243} = \frac{5}{243}$
Summe		1	$\frac{405}{243} = \frac{5}{3}$

Wie kann man die Anzahl der Einzelergebnisse bestimmen, ohne alle Möglichkeiten so ausführlich aufzuschreiben, wie dies in den Tabellen erfolgt ist? Warum gibt es beispielsweise 10 mögliche Versuchsabläufe, die zum Ereignis *Zwei Erfolge* beim 5-fachen Drehen des Glücksrads gehören?

Betrachten wir dazu das folgende einfache Protokollformular für einen 5-stufigen Zufallsversuch.

Zwei Erfolge bedeutet, dass man in das Formular an genau zwei Stellen ein „*E*" eintragen soll. Das bedeutet aber nichts anderes, als dass man zwei von den fünf Kästchen für die Eintragung auswählen kann, d. h., man muss die Anzahl der Möglichkeiten bestimmen, zwei Objekte (hier: Kästchen) aus fünf Objekten auszuwählen.

Gemäß Spezialfall 3 der Kombinatorik (vgl. Abschn. 2.3) gibt es hierfür genau $\binom{5}{2} = 10$ Möglichkeiten.

Um eine Binomialverteilung zu bestimmen, benötigt man also nur die Potenzen von p (Erfolgswahrscheinlichkeit) und q (Misserfolgswahrscheinlichkeit) sowie die jeweiligen Binomialkoeffizienten.

Die einfache Formel $\mu = n \cdot p$ zur Berechnung des **Erwartungswerts einer Binomialverteilung** ist in den drei behandelten Beispielen durch die Summe in der jeweils letzten Spalte der Tabelle bestätigt worden. Ein formaler Beweis, dass dies auch allgemein richtig ist, soll hier nicht erfolgen.

Wir können uns aber auch mit der Erkenntnis begnügen, dass die Formel zur Berechnung des Erwartungswerts mit der Häufigkeitsinterpretation der Wahrscheinlichkeit übereinstimmt.

4.2   Eigenschaften von Binomialverteilungen

Die in den Beispielen bestimmten drei Binomialverteilungen kann man auch grafisch veranschaulichen, z. B. in Form sogenannter **Histogramme;** das sind Säulendiagramme mit aneinander liegenden Säulen der Breite 1 und einer Höhe, die den jeweiligen Wahrscheinlichkeiten entspricht, vgl. die folgenden Abbildungen mit den Histogrammen der Binomialverteilungen mit $n = 3$ und $p = \frac{1}{6}$, $n = 4$ und $p = \frac{1}{2}$ sowie $n = 5$ und $p = \frac{1}{3}$.

a

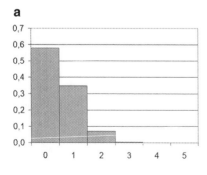

b

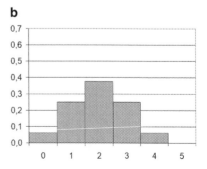

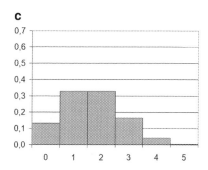

Da die Breite gleich 1 ist, gilt:

- Der Flächeninhalt der Säulen-Rechtecke entspricht den jeweiligen Wahrscheinlichkeiten.

Dass das mittlere Histogramm symmetrisch ist, liegt an der zugrunde liegenden Erfolgswahrscheinlichkeit $p = \frac{1}{2}$, denn dann vereinfacht sich die Bernoulli-Formel:

$$P(k \text{ Erfolge}) = \binom{n}{k} \cdot \left(\frac{1}{2}\right)^k \cdot \left(\frac{1}{2}\right)^{n-k} = \binom{n}{k} \cdot \left(\frac{1}{2}\right)^n.$$

Die Wahrscheinlichkeiten der Verteilung werden also im Falle $p = \frac{1}{2}$ nur durch die Binomialkoeffizienten bestimmt, und diese sind symmetrisch.

Die Histogramme von Binomialverteilungen mit $p \neq \frac{1}{2}$ sind nicht symmetrisch, wie man auch an den folgenden Beispielen von Verteilungen mit der Erfolgswahrscheinlichkeit $p = 0,3$ sehen kann. Abgebildet sind die Histogramme der Binomialverteilungen $n = 25$ bzw. $n = 50$ bzw. $n = 100$ bzw. $n = 200$.

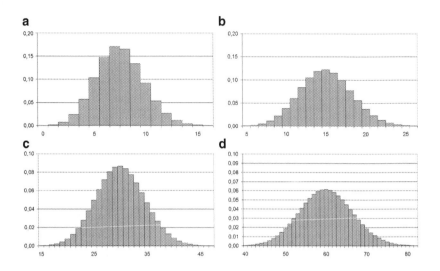

Vergleicht man jedoch die Histogramme, so stellt man fest:

Vergrößert man die Anzahl der Stufen des Zufallsversuchs, dann verschwindet zunehmend der Eindruck der Nicht-Symmetrie.

▷ Mit zunehmender Stufenzahl n nehmen die Histogramme immer mehr eine symmetrische Gestalt an.

Aus den Grafiken kann man eine weitere Eigenschaft ablesen:

Das Maximum der Binomialverteilung mit $n = 25$ und $p = 0{,}3$ liegt bei $k = 7$, d. h., das Ereignis *7 Erfolge* ist am wahrscheinlichsten (im Englischen wird dies als *maximum likelihood* bezeichnet).

Die beiden benachbarten Ereignisse *6 Erfolge* und *8 Erfolge* treten mit einer etwas geringeren Wahrscheinlichkeit ein.

Die Maxima bei den übrigen Binomialverteilungen liegen für $n = 50$ bei $k = 15$, für $n = 100$ bei $k = 30$, für $n = 200$ bei $k = 60$, also jeweils bei den Erwartungswerten:

$$\mu = 50 \cdot 0{,}3 = 15 \text{ bzw. } \mu = 100 \cdot 0{,}3 = 30 \text{ bzw. } \mu = 200 \cdot 0{,}3 = 60.$$

Im Fall $n = 25$ gilt $\mu = 25 \cdot 0{,}3 = 7{,}5$, d. h., der Erwartungswert ist nicht ganzzahlig. Hier liegt das Maximum bei einem der beiden Nachbarwerte von μ.

Allgemein gilt:

▶ Das Maximum einer Binomialverteilung liegt beim Erwartungswert
   $\mu = n \cdot p$.

Diese beiden Eigenschaften (Lage des Maximums, Symmetrie der Grafik zum Maximum) können für die Berechnung von Wahrscheinlichkeiten genutzt werden, denn es gibt eine stetige Kurve, eine sog. **Glockenkurve,** die ziemlich genau durch die oberen Säulenmitten des Histogramms der Binomialverteilung verläuft, vgl. Abb. 4.1.

Diese Approximationseigenschaft gilt erfahrungsgemäß besonders gut, wenn das Produkt aus Stufenzahl n, Erfolgswahrscheinlichkeit p und Misserfolgswahrscheinlichkeit $q = 1 - p$ eine einfache Bedingung erfüllt:

▶ Wenn die sog. **Laplace-Bedingung** $n \cdot p \cdot q > 9$ erfüllt ist, dann lassen sich die Wahrscheinlichkeiten einer Binomialverteilung näherungsweise mithilfe der Fläche unter einer geeigneten Glockenkurve bestimmen.

Abb. 4.1 Histogramm der Binomialverteilung mit $p = 0{,}5$ und $n = 100$ und der Graph der zugehörigen Glockenkurve

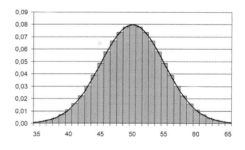

Was Sie aus diesem *essential* mitnehmen können

In dieser Einführung in die Wahrscheinlichkeitsrechnung haben Sie gelernt,

- worin der Unterschied zwischen Wahrscheinlichkeit und relativer Häufigkeit besteht,
- wie man mit Wahrscheinlichkeiten rechnet,
- was eine Wahrscheinlichkeitsverteilung ist und wie man deren Erwartungswert bestimmt,
- wie man Wahrscheinlichkeiten binomialverteilter Zufallsgrößen berechnet.

© Springer Fachmedien Wiesbaden GmbH, ein Teil von Springer Nature 2018
H. K. Strick, *Einführung in die Wahrscheinlichkeitsrechnung,* essentials,
https://doi.org/10.1007/978-3-658-21853-9

Literatur

Henze, N. (2016). *Stochastik für Einsteiger* (11. Aufl.). Heidelberg: Springer Spektrum.
Strick, H. K. et al. (2003). *Elemente der Mathematik SII – Leistungskurs Stochastik.* Braunschweig: Schroedel.
Strick, H. K. (2008). *Einführung in die Beurteilende Statistik.* Braunschweig: Schroedel.

© Springer Fachmedien Wiesbaden GmbH, ein Teil von Springer Nature 2018
H. K. Strick, *Einführung in die Wahrscheinlichkeitsrechnung,* essentials,
https://doi.org/10.1007/978-3-658-21853-9

Lesen Sie hier weiter

Printed in the United States
By Bookmasters